快读慢活

陪 伴 女 性 终 身 成 长

松弛力

陪你走出心理困境的自我疗愈指南

[日]下园壮太 著　　曹逸冰 译

浙江摄影出版社
全国百佳图书出版单位

MOTO JIEITAI MENTAL KYOUKAN GA OSHIERU
KOKORO WO MAMORU STRESS CARE
Copyright © 2021 by Souta SHIMOZONO
Illustrations by Akiko NAKAKIHARA & Kaori HIEI
Design by Kenta MIMORI (JUNGLE)
All rights reserved.
First original Japanese edition published by IKEDA Publishing Co., Ltd.
Simplified Chinese translation rights arranged with PHP Institute, Inc.
In care of Fortuna Co., Ltd.

浙 江 省 版 权 局
著作权合同登记章
图字：11-2023-180

责任编辑：瞿昌林
特约编辑：周晓晗 王 瑶
责任校对：高余朵
责任印制：汪立峰

图书在版编目（CIP）数据

松弛力 / (日) 下园壮太著; 曹逸冰译. —杭州: 浙江摄影出版社, 2023.6
ISBN 978-7-5514-4468-2

Ⅰ. ①松… Ⅱ. ①下… ②曹… Ⅲ. ①心理压力－心理调节－通俗读物 Ⅳ. ①B842.6-49

中国国家版本馆CIP数据核字(2023)第063120号

SONGCHI LI
松弛力

［日］下园壮太 / 著　曹逸冰 / 译
全国百佳图书出版单位
浙江摄影出版社出版发行
地址：杭州市体育场路347号
邮编：310006
网址：http://photo.zjcb.com
印刷：天津联城印刷有限公司
开本：880mm×1230mm 1/32
字数：155千
印张：8.25
2023年6月第1版　2023年6月第1次印刷
ISBN 978-7-5514-4468-2
定价：59.00元

前 言

各位读者，大家好。我是一名心理医生，曾在日本多个政府部门担任心理健康指导师，为各部门的工作人员进行心理疏导。其中不乏参与抗险救灾、应急救援等特殊行动的工作人员，他们在执行任务的时候，大都身处非常艰苦的环境，时刻身心紧绷，面临着巨大的挑战。为确保在严苛的条件下也能完成使命，政府高度重视这些人员的心理健康，因此配备了不少像我这样的心理学专家。

虽说是一些特殊工作人员，但其实他们的烦恼与普通人大同小异。我在工作中遇到过形形色色的案例，轻则提不起干劲、不想去上班，重则因一些事故而大受打击、难以入睡，甚至患上抑郁症……

一般来说，“心理健康（Mental Health）”和“心理护理（Mental Care）”这两个词用于医疗语境，而涉及日常生活中的压力时，我们一般会使用“压力管理（Stress Care）”一词。无论是心理护理，还是压力管理，我都有所涉猎。在这本书中，我将重点探讨压力管理，也就是帮助仍能正常生活、工作的读者缓解心理压力，走出心理困境，拥有松弛的能力。

严重的烦恼自不用说，即便是小的烦恼也不能放任不管，否则就会导致内心焦虑、时刻紧张，工作表现不佳，影响人际关系。这些因烦恼带来的心理压力若无法得到及时处理，一些鸡毛蒜皮的小事都有可能将你击垮。

在长期从事心理疏导工作的过程中，我深刻地意识到“松弛力”的重要性，而这与每个人纾解压力的能力相关。

长久以来，人们没有意识到保持松弛的重要性，而医学领域对压力管理的关注度也并不是很高。毕竟医学界更侧重于治疗症状严重的患者。例如，有妄想症的病人需要服用A药物，配合B治疗方案；因为严重焦虑无法入睡，需要服用C药物，配合D治疗方案……医学领域早已形成了一定的诊断标准和治疗方案，使用相对固定的治疗模式，以便对症下药。

然而，仔细观察那些压力很大，但依然能正常完成日常工作的人员，我们就会发现，造成压力的原因和导致情况恶化的因素其实非常多样，而且错综复杂。

以“因为工作压力大而睡不着觉”为例，这其实是当事人的感知方式、思维方式、精神层面的疲劳程度、周围人的反应、周围的环境以及当事人应对压力的方式等各种因素相互关联、相互作用的结果。

面对如此复杂的问题，没有一种方法是能立竿见影的。换言之，通常的诊断与“万金油”式的疗法发挥不了太大的作用，这也正是压力管理的棘手之处。

我在压力管理这一领域已有30多年的经验，反复尝试，最终总结出了一套适合现代人的与压力和平共处的诀窍，让你不内耗，不拧巴，活出人生松弛感。

今时今日，压力过大造成的心理问题已引起全社会的普遍关注。每个人很有必要结合实际情况呵护自身的心理健康。于是，我决定与普通读者分享这些年我在工作中积累的心理保健知识。

我想迈出的第一步就是写一本浅显易懂的解压入门读物，于是便有了这本书。希望这本书能帮助各位读者找到最适合自己的疗愈方案。

认清压力产生的机制，压力就不足为惧

不制造过多的压力，控制压力——这就是压力管理的精髓。

人是可以以自己感受到的压力为契机获得成长的，这也被称为“心灵的修复能力”。

想恢复心理健康，最重要的一点是保持松弛，让身心得到充

分休息。而了解压力产生的机制，也能有效缓解压力。

当然，了解压力产生的机制并不能让压力完全消失，但这有助于我们总结归纳出最适合自己的解压方法。换句话说，“了解压力产生的机制”和“让身心得到充足的休息”就是治愈心灵的良药。

本书将深入浅出地讲解压力产生的复杂机制以及呵护心灵的技巧。既有关于压力的基础知识，又有形形色色的专业技巧，保证一看就能懂，一学就会用。

每一章都有我开导过的咨询者为大家引路，他们也有各自的烦恼与纠结。希望各位读者能在他们的陪伴下找到解决压力问题的良方，最终实现自我疗愈。

下园壮太

目录

第1章 正确认识压力

◎ 压力究竟为何物/002

物体和心灵都会受到压力/004

即便消除了压力产生的原因，也无法完全消除压力带来的影响/006

压力是我们自己培养出来的/008

◎ 压力一定是有害的吗/010

原始人为了生存离不开压力/012

现代人也需要压力吗/014

疲劳造成的麻木让我们对压力视而不见/016

◎ 有压力就去消除它/018

解压不当会适得其反/020

世上没有完全无压力的人/022

◎ 明明不累，为什么会觉得压力大呢/024

现代人在精神层面疲惫不堪/026

情绪摇摆不定时更容易感到压力/028

想象持续生成压力/030

现代人的各种压力都能归结于人际关系/032

低收入群体的压力也来自人际关系吗/034

◎ 小压力放任不管也不要紧吧/036

压力由小变大只是时间问题/038

别将压力归咎于你的能力与努力程度/040

本章小结/042

第2章 4个强心妙招

◎ 日常生活中的抗压小妙招/044

发现30个小美好，提升幸福敏感度/046

失败即机遇！“神奇40”思维/048

别再为“选哪个”纠结了！巧用“七三法则”/050

用“聚焦”缓解焦虑，重塑自信/052

本章小结/054

第3章 催生压力的身心机制

◎ 压力是如何产生的/056

人脑的复杂性使压力错综复杂/058

压力由两种痛苦而生/060

◎ 什么是“负面情绪型痛苦”/062

“负面情绪型痛苦”会引起防御行为/064

疲劳会放大负面情绪/066

丧失自信容易催生负面情绪/068

焦虑是最棘手的负面情绪之一/070

◎ 什么是“能量型痛苦”/072

压力的另一大因素——“能量型痛苦”/074

“能量型痛苦”不易被察觉到/076

◎ 压力的关键在于大脑的疲劳/078

压力重重时涌上心头的种种负面情绪/080

大脑因情绪波动而疲劳/082

◎ 为什么压力总是在事后袭来/084

让人感觉不到疲劳的“痛苦聚焦机制”/086

“痛苦聚焦机制”让人误会压力的源头/088
“痛苦聚焦机制”导致的自我折磨/090

◎ 为什么明明很累，却不肯休息呢/092

坚持和忍耐化作了执念/094
这份执念真的有必要吗/096

◎ 压力会不会造成无法挽回的恶果/098

压力太大会让人“死心”/100
“死心”终将矛头指向“人生”/102
压力大不是你的错/104

本章小结/106

第4章 掌握正确的解压方法

◎ 如何把握自己的压力水平/108

客观评估自己的压力水平/110
梳理具体的压力症状/112
压力的3个阶段/114

◎ 休养是最有效的解压方法吗/116

解压的基本原则是“早发现、早干预”/118

解压的第一步是远离刺激/120

休养是万能的解压方法/122

改善生活环境，有助于缓解精神疲劳/124

◎ “慵懒度日”可以解压吗/126

“慵懒度日”能帮助你走出受压状态/128

睡够8小时！断断续续也无妨/130

搁置烦恼，直到状态好转/132

解压后状态不会直线恢复/134

◎ 适合在休养期间尝试的兴趣爱好/136

休养期间，尝试能独自进行、成就感强的爱好/138

牢记“运动更适合在压力不大的时候进行”/140

选购不含酒精的饮料，巧妙减少酒精的摄入量/142

◎ 尝试向他人求助/144

试着向他人讲述你的煎熬与痛苦/146

详细描述自己痛苦的感受/148

感觉内心煎熬时不妨求助精神科医生/150

本章小结/152

第5章 案例分析

◎ 工作方面的压力应该如何纾解/154

CASE 01 疲惫不堪，却无法请假/156

CASE 02 恼人的职场霸凌/158

CASE 03 工作效率大不如前/160

◎ 家庭、育儿方面的压力应该如何纾解/162

CASE 04 被家务和孩子搞得心烦气躁/164

CASE 05 疲于应对婆家的干涉/166

CASE 06 对不管老人的手足怒火中烧/168

CASE 07 担忧不想上学的孩子/170

CASE 08 别的妈妈总想压人一头，天天胆战心惊/172

CASE 09 担心自己的前途，父母又不断施压/174

◎ 青少年也会有压力吗/176

CASE 10 备考、择校力不从心/178

CASE 11 因社交平台上的评论时喜时忧/180

CASE 12 为求职压力所苦/182

◎ 疾病带来的压力应该如何纾解/184

CASE 13 查出大病，备受打击/186

CASE 14 备孕坎坷/188
CASE 15 想去精神科咨询压力问题，内心又很抵触/190

本章小结/192

第6章 如何帮助身边的人解压

◎ 旁人能做些什么/194

不要将痛苦仅仅归咎于当事人/196
“观望”等于“什么都不做”/198
要倾听，不要逼问/200
客观把握对方的痛苦程度/202
别因为对方看着挺精神就认定“他好了”/204

◎ 如何正确地听当事人倾诉/206

认真倾听/208
让对方描述痛苦的具体感受/210
狠狠点头，适时附和/212
不要吝啬时间/214

◎ 遇到家里人处理不了的情况怎么办/216

有些情况需要外人介入/218

适时求助医疗机构/220
看精神科时的注意事项/222

本章小结/224

第7章 不受压力左右的人生态度

◎ 如何才能过上不受压力左右的生活/226
有意识地感知正面情绪/228
学会表达“感谢”/230
吃好、睡好、适当运动/232
尊重因人而异的价值观/234
降低期望值/236
寻找属于自己的“人生故事”/238
活用“想得开”和“没常性”/240

本章小结/242

结语/244

第 1 章

正确认识压力

大家总把“压力”二字挂在嘴边，
但如果对压力的理解出现了偏差，
就不可能实践正确的解压方法。
那就让我们从正确认识压力开始吧！

咨询者

山田明（25 岁）

经常加班，工作压力大，认为压力主要来源于职场环境（经常批评下属的领导与合不来的同事）。

压力究竟为何物

“唉，真不想去上班……”

我每天早上都会这么唉声叹气。

都是因为压力太大了。工作堆积成山，加班没完没了。领导还成天打击我，我都怀疑自己是不是遇上了职场霸凌。

我在网上看到一篇报道说：“近60%的日本职员因工作产生了巨大的压力。”我大概也是其中之一吧。

可我能怎么办呢？

找朋友倾诉吧，他们只会劝我“忍着点”，要不就是让我“别

| 回答“压力很大”的职员占比 |

（职员总数=100%）

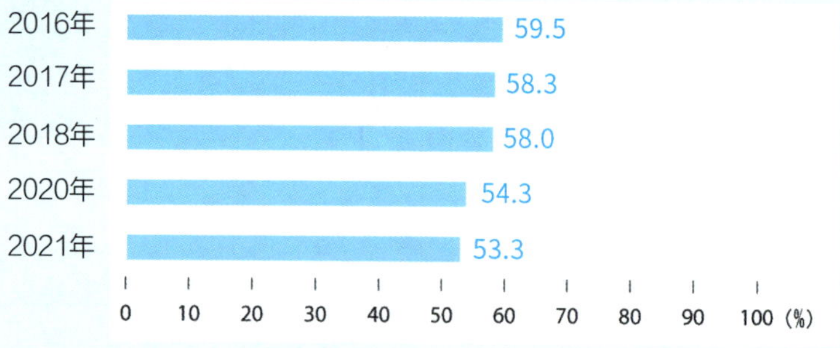

出处：日本厚生劳动省《2022年劳动安全卫生情况调查结果概况》
注：2019年未调查该项目。

干了，直接跳槽算了”。但是对于我来说，一方面自己已经达到了忍耐的极限，另一方面又不想轻易放弃好不容易找到的工作。说得现实一点，换工作也不是那么容易的。

话虽如此，但我也不想就这么熬着，什么都不做。于是我下定决心，打算找专家做一下心理咨询。来到下园老师的办公室后，我开门见山问道——

老师，我不想去上班是因为压力太大了吧？

确实有这个可能。

那你觉得压力是怎么来的呢？

大概是工作任务太重，领导太严厉了吧……

这话只说对了一半。

因为也有人跟你处在一样的环境下，却并未感觉到很大的压力。

……您的意思是压力是其他因素造成的？

见我一脸疑惑，下园老师微微一笑。

没错。那就让我们先了解一下压力的“真面目”吧！

压力的“真面目”？这话从何说起啊？压力不就是压力吗？我把一连串的疑问咽回肚子里，决定耐心听下去。

物体和心灵都会受到压力

先来想一想“压力”一词的含义。简简单单两个字，其实涵盖了各种各样的状态与症状。

所谓压力大就是一种“濒临绷断”的状态

先问你一个问题：你觉得压力大指的是一种什么样的状态呢？

大多数人最先想到的就是因为工作上的事情而烦躁吧。还有不少人觉得是人际关系带来的烦恼。也有人会把“支持的球队连输好几场”“对心上人牵肠挂肚，夜不能寐”这样的事当成压力大的原因。

的确，上面提到的几种情况都可以让人产生压力。

“压力”一词原本是一个物理学术语，指物体之间接触且发生相互挤压而产生的力。

那么，当人的内心受到外力压迫时，也可以用这个词吗？

没错。我们的身心时刻都面临着来自外界的刺激，如工作、人际关系、环境的变化等，当身心对外界刺激做出反应，陷入“扭曲”状态，表现出相应的症状时，我们可以将这一系列的现象统称为“压力大”。

容易被忽视的压力

再问你一个问题。如果亲朋好友说自己压力很大，你会怎么回答呢？也许你会轻描淡写地回一句："那就想办法发泄一下吧！"或者安慰对方说："船到桥头自然直。"

实际上，压力问题可大可小，有时甚至可能会发展成强烈的痛苦，让人产生"一了百了"的冲动。

这种危及生命的情况往往是因为"压力大"这样的表述遭到了忽视，使得当事人未能得到及时的救治。

因此，请大家务必牢记，压力的大小无法用肉眼观察或判断，仅凭观察外在，当事人的痛苦程度很可能无法得到足够的重视。

| 容易被忽视的压力 |

即便消除了压力产生的原因，也无法完全消除压力带来的影响

有时候，消除了压力产生的原因（比如工作、人际关系），却并不能消除压力带来的持续影响。这到底是为什么呢？

压力会造成“难以回弹的凹痕”

用手指按压海绵，海绵便会凹陷变形。我们也可以说，海绵处于受压状态。那要如何让它恢复如初呢？答案很简单，把手指拿开就行了。

那人的压力是不是也一样，只要消除来自外界的压力，就能得到缓解呢？

从原理上来看，确实是这样——想要缓解压力，只要消除像手指一样压着我们的外界刺激（比如工作、人际关系等）就可以。如此一来，身心就会恢复正常。然而，在大多数情况下，单单消除外界刺激往往是不够的，还需要更具体、更多的压力管理方法。

想象一下，用手指按压豆沙包时，豆沙包会像海绵一样变形。但问题是，即便松了手，豆沙包也不会恢复到和原来一模一样的形状。被按压的那一块凹了下去，溢出来的豆沙馅儿也缩不回去了。

没错。长期受压会导致身心陷入和被压破的豆沙包一样的状态。就算把外界刺激消除，压力带来的持续影响在短时间内也是无法消除的。

| 即便清除了致压因素，压力的影响仍会持续 |

压力的根源其实在自己身上

这就是心理学层面的“压力”和物理学中的“压力”的不同之处。心理压力的原因不仅限于外界刺激。即使把“重要的工作”这样的外界刺激清除干净，我们依然会在如偏头痛发作、便秘等身体不舒服的时候感到心烦意乱。这些都是来自身体内部的压力。

而且外界刺激也不是百分百与压力挂钩。当我们积极主动地投身其中，享受每分每秒的时候，是不会感受到压力的。只有当出现问题，担心事情可能办不成的时候，压力才会找上门来。

咦？那您的意思是会不会产生压力，取决于当事人的健康状况和心态？

没错。压力的大小在一定程度上取决于我们自身的健康状况与心态，因此也可以说，压力是我们自己培养出来的。

压力是我们自己培养出来的

压力大的人本就身心俱疲，因为累，还会导致压力不断积累。这就像是一个恶性循环。

若消除压力的方法不当，压力会只增不减

那么，压力是如何在我们身上“发展壮大”起来的呢？

压力的增长是情绪、疲劳等身心因素共同作用的结果（详见第3章）。例如，你需要完成一项重要的工作，但你又很担心自己能否胜任。这个时候如果再让身体累着就会感到不舒服，进而过度焦虑，提不起干劲，陷入反常的受压状态。

换句话说，只要情绪上的不安和疲劳仍存在，那么只解决外界刺激就不足以彻底消除压力。这样只不过是给自己打了一针安慰剂，治标不治本。不仅如此，你还会冒出这样的念头：“明明已经解决了压力的源头，为什么压力还是这么大？”琢磨来琢磨去，反而会更加烦躁。

可是，我还是觉得自己的压力是工作、领导这样的外界刺激造成的……

你会这么想也情有可原。因为遇到麻烦的时候，人总是倾向于认定问题不在自己。这是激励我们克服困难的一种情绪机制，因为认定敌人在外界才更能燃起斗志。

| “劲敌”当前，再累也得咬牙战斗 |

找原因无助于减少压力

然而，一味在外界寻找原因并不是纾解压力的好方法。毕竟克服困难需要精力和体力。在被压力搞得精疲力竭的时候挑战外敌，只会让自己遍体鳞伤。

在压力管理领域，有一件事比思考原因、直面难关更加重要。那就是让受困于压力的身心得到充分的休息。用温热的双手裹住被按瘪的豆沙包，慢慢揉搓，它就能变回圆滚滚的模样——这便是压力管理的基本原则。

压力一定是有害的吗

要是没有压力就好了……

压力有外因，更有内因——下园老师的说法让我大吃一惊，但稍微琢磨一下，又觉得很有道理。因为我总是因为工作而感到惴惴不安，成天想着“搞砸了怎么办”“真不想做这个啊”，压力不大才怪呢。

不过话说回来，压力这东西可真麻烦！世界上为什么会有压力这种东西呢？明明有那么多坏处……要是没有压力，日子肯定会好过很多，也就不会有人被压力折磨得苦不堪言了。

下园老师，对于我们人类来说，压力不是必需的吧？

咦？你为什么会这么想呢？

因为很多人都被压力搞得很痛苦啊，令人痛苦的东西当然对我们有害了。

如果认定压力是有害的，那我们人类确实是不需要它啊。

啊？难道不是这样吗？

嗯，其实压力是人类必不可少的东西。
正因为必要，我们才会感觉到压力的存在。

什么？真的假的？——大概是看我露出了疑惑的神色，老师不禁苦笑。

那接下来，我们就聊聊压力对我们而言都有哪些意义吧！

原始人为了生存离不开压力

压力的存在究竟是为了什么?
让我们从压力对原始人的意义说起吧。

压力始于对衣食住行的担忧

“压力对人有害。”——想必很多人的第一反应都是如此。毕竟来找我咨询的人大都是因为受尽了压力的折磨。

世界上为什么会有如此恼人的压力存在呢?那是因为压力对于人类来说是非常必要的。

真的假的?
还是有点难以置信啊……

那就让我们穿越时空,回到远古时代,看看那时的原始人是怎么过日子的吧。

原始人的生活当然是“原始”的——他们住在山洞里,吃猎物的肉,用兽皮做衣服。如果抓不到猎物吃,熬不了多久就会饿死。即使发现猎物的踪迹,也有可能遭到反杀,一命呜呼。要是不幸碰上狂风暴雨或地震等自然灾害,山洞突然坍塌,那就连住的地方都没有了。这种衣食住行方面的不稳定便是压力的开端。

压力是行动力的“助推器”

“再这么下去要饿死了！”

“好怕猎物扑过来！”

“没地方住了，这可怎么办？”

当原始人面临这些压力的时候，他们会怎么做呢？郁郁寡欢，窝在森林里？还是提心吊胆，却什么都不做？怎么可能！原始人过的是完全自给自足的生活，为了填饱肚子，为了生存，他们必须走出去，必须行动起来。

饿了就得拼尽全力打猎。没有住处，就得找个能遮风避雨的地方。这些行为的“助推器”就是原始人感受到的压力。是压力让原始人产生了强烈的行动欲，“无论如何都要打到猎物！”“拼死也要找到一个可以住的地方！”不仅如此，压力还能促使他们将身体调整到最佳状态。

当原始人打到猎物或找到住处的时候，这种压力就能轻而易举地得到缓解。

| 原始人将压力化为行动的原动力 |

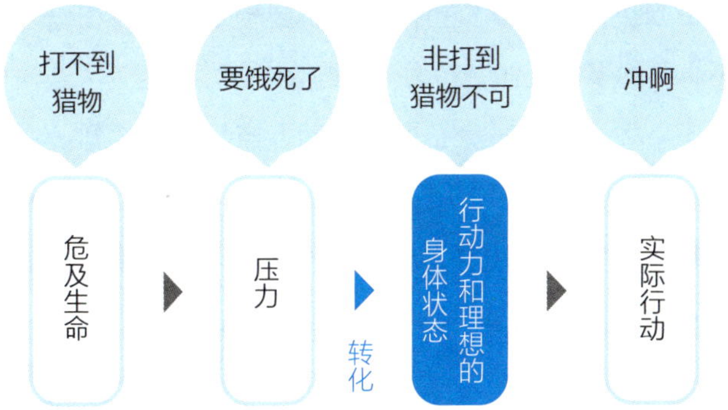

现代人也需要压力吗

压力不仅是原始人的原动力，对我们现代人来说也必不可少。

压力是“赶紧去休息”的信号

压力是原始人的一种保护机制。遭遇外敌袭击、外出觅食的风险自不用说，因上述活动受伤或筋疲力尽时，原始人就会有性命之忧。在这种情况下，压力会促使他们休养生息，而非继续活动。

难道……
我们现代人感受到的压力也有这样的作用?

是的。我们现代人感受到的压力，也是大脑发出“赶紧去休息”的信号。比如，感到烦躁就是一种警告，告诉你应该避免他人给自己带来更多的精神负担。而提不起干劲是身体在提醒，你不要在不必要的事情上耗费精力。感到情绪低落是因为人在快乐而积极的状态下才更容易投身于各项活动，当精神消耗到一定程度，人自然就会变得低落。

可很多现代人视休息为洪水猛兽，成天嚷嚷着“有重要的工作要完成”“没人可以替代我”，无视压力，拒绝休息。

| 压力就是在提醒你要赶紧“刹车” |

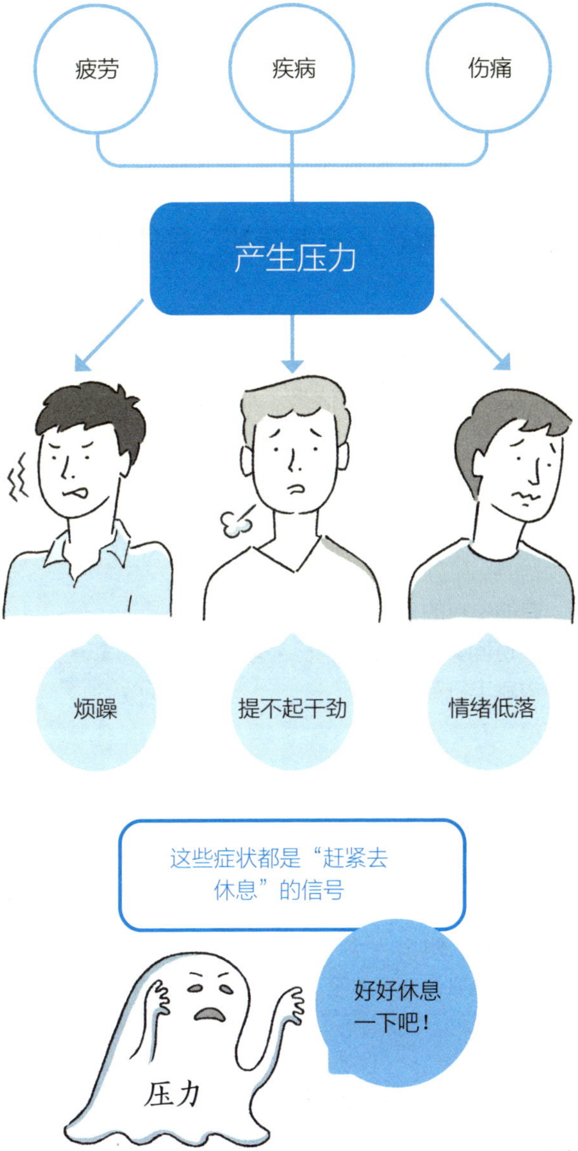

疲劳造成的麻木
让我们对压力视而不见

大家能察觉到自己很疲劳吗？越累越睡不着，越累越精神，就是疲劳造成的麻木在作祟。

“明明很累，人却很精神”是危险的信号

我们再深入聊聊造成压力的因素之一——疲劳。

压力是疲劳过度积累的信号。照理说，人一旦感觉到压力大就应该立即休息。但大家应该都有过这样的经历：越累就越容易熬夜，刷刷手机、上上网，根本就停不下来……

有的！有的！
下班回家的时候明明已经筋疲力尽了，却还是忍不住熬夜刷手机……

在这种情况下，身体肯定得不到充分的休息。甚至还有人说：“人在累的时候会更精神一点。”

对！对！对！
就好像身体变麻木了，已经感觉不到累了……

没错。**正因为感知疲劳的能力下降，人变得麻木了，现代人才不容易感到疲倦。**

想必大家都有过专注到废寝忘食的经历吧。这是因为集中注意力做一件事的时候，人体的机制会让我们感觉不到疲劳。

因此，专注工作的时候，我们完全不觉得累，于是便忽略了疲劳，全力以赴。久而久之，就产生了“明明很累，人却很精神”的错觉。

| 专注时容易忽视疲劳 |

忍耐让我们感觉不到疲劳

东方人崇尚的忍耐也是让我们感觉不到疲劳的原因之一。很少有人一遇到困难就打退堂鼓，大多数人会告诉自己：“我要忍耐！”“不能退缩！”也有许多人喜欢不惧逆境的自己。正是这种观念迫使我们咬牙忍耐那些非常严重的疲劳感。

如果能意识到自己在忍耐，那还能找机会调节。奈何长期忍耐会把人压得喘不过气，麻痹我们感受疲劳的能力，以至于很难意识到自己在忍耐。

有压力就去消除它

休息竟然比解压更管用

“压力大了就休息一下。”——这个观点倒是很新鲜。因为我总觉得压力大了，想办法排解一下就是了……

我喜欢运动，觉得运动是一种很好的解压方法。大量研究数据也显示，运动有助于降低压力水平。

就在我琢磨这个问题的时候，下园老师仿佛看穿了我的心思，如此问道：

话说你平时都是怎么解压的呀?

嗯……一般就是跟朋友们唱唱歌、踢场足球。

可是你现在没精打采的，看来这些方法不是很管用啊……

呃……好像是哦。

我有些难为情，不禁挠了挠头。下园老师却安慰我说：“别担心——”

其实这才是常态。
有些解压方法的效果并不明显，而且要是选错了方法，搞不好会适得其反。

啊？！那压力大的时候到底该怎么办啊？

你是想把积攒多时的压力统统发泄出来吧？

对啊，一直都是用的这些法子……

嗯。那为什么以前行得通，现在却没有效果了呢？

“啊……”我被老师问住了。

解压不当会适得其反

许多所谓的解压方法反而会让压力升级。

有些解压方法无助于缓解疲劳

唱歌、踢球不能用来解压吗？
这两个我都很喜欢，您可别让我戒掉啊……

状态好的时候，唱歌、踢球都是很不错的兴趣爱好。但我不建议大家在疲劳的时候用这样的方式缓解压力。

像这样通过唱歌解压的人应该不在少数。放声高歌确实能暂时带来畅快的感觉，却不能缓解身体层面的疲劳。

毕竟唱歌是一种耗费体力的活动，连续唱上几个小时，人反而会更加疲劳。

解压反而会催生出更多的压力吗

此外，解压行为本身也可能成为压力的源头。因为你会纳闷："我都想尽一切办法解压了，怎么压力还是这么大啊？"越琢磨，压力就越大。

用于解压的行为往往是我们自己喜欢做的事情，或者是能让自己产生愉悦感的事情。这种倾向也是造成压力的一大原因。

我们大都成长在“视忍耐为美德”的文化大环境之下，容易对那些能产生愉悦感的行为抱有负罪感。于是一边“解压”，一边在心里嘀咕：“我怎么能做这种事放纵自己呢？！”“找乐子只是为了暂时逃避问题。”进而陷入自我厌恶的情绪中，催生出更多的压力，最终形成恶性循环。

| 解压不当，适得其反 |

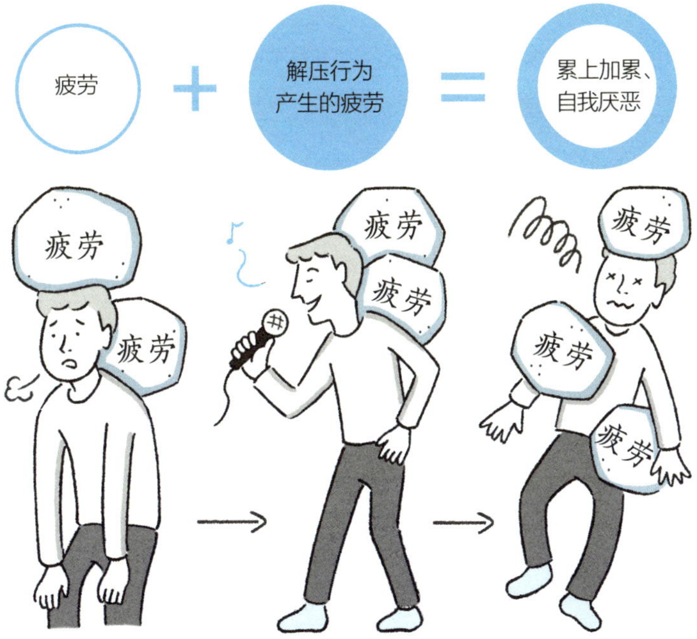

世上没有完全无压力的人

其实有压力并不是一件坏事。可我们为何如此排斥压力呢?

压力并非百害无一利

“消除压力”这样的说法难免会让人觉得压力就是不好的东西，仿佛压力是粘在我们身上的脏东西，只要像洗衣服那样清除干净，就能彻底告别压力了。

但事实并非如此。如前所述，压力并非紧紧粘在我们身上的脏东西，也不是需要我们避之不谈的可怕之物，更是让我们无法轻易摆脱。

就算能顺利解决外界刺激，也不意味着我们的身心会立即恢复原样。

有压力是常态

想过上完全无压力的生活几乎是不太可能的，更别说很大一部分人会因为一点小事就烦躁不已。人世间恐怕没有一个完全无压力的人。说自己完全没压力的人，也许只是没有意识到压力的存在罢了。因为对人类而言，有压力才是常态。至于原因，你应该已经知道了吧?

嗯！因为压力对人来说是不可或缺的，对吧？

没错。压力是非常可靠的伙伴，会及时提醒我们“该处理危机了”“赶紧去休息吧”。

奈何大家总把压力当成洪水猛兽，认定压力是必须要想办法消除的东西，还误以为完全无压力的状态才是正常的，进而导致了“没压力的人更优秀”这样的错误观念。

于是感觉到压力的人便会产生种种负面想法，诸如“我太没出息了，一点压力都搞不定”“我不应该觉得自己有压力”……他们咬牙忍耐，对已经存在的压力视而不见，也不用正确的方式呵护心灵，反而造成压力不断升级。

| 有压力才是常态 |

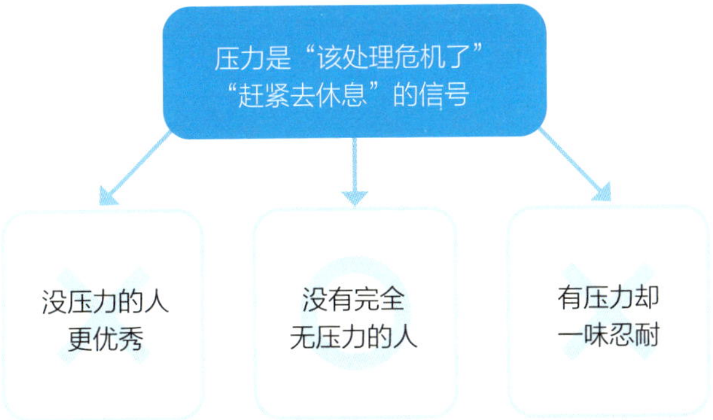

明明不累，为什么会觉得压力大呢

运动量明明不大，怎么还会觉得累呢

下园老师说，解压也有可能造成压力升级，听得我目瞪口呆。一想到为解压做的那些事搞不好起了反效果，我就非常失落，备受打击……

特别是感到疲惫的时候，如果一心想着消除压力，可能会适得其反——想到这里，我的脑海中突然浮现出一个疑问。

可是老师……原始人比我们累多了吧？
他们每天都要追着猛兽跑，捕捉猎物……

嗯，我们的运动量确实不如原始人那么大。

对吧！那解压怎么会适得其反呢？
既然并不是很累，那解压就应该是有效的啊……

难道不是这样吗？按老师之前的说法，不累的时候用那些法子解压应该是有效果的呀。现代人已经不太干重体力活了，我从事的工作也不至于把身体搞得筋疲力尽。

听完我的观点，下园老师微微点头。

嗯，我们的身体确实不如原始人那么累，
但累在了别处。
而这也正是我们现代人压力重重的主要原因。

累在了别处？此话怎讲？——我默默盯着老师，盼着他赶紧解答。

现代人在精神层面疲惫不堪

许多人把“好累啊”挂在嘴边。其实累的不是“身”，而是“心”。

现代人是“身不累而心累”

疲劳是现代人的核心压力。那么，造成这种疲劳的原因又是什么呢？

嗯……剧烈运动？不能吧……

听到“疲劳”二字，大家都会下意识地联想到身体层面的疲劳。运动量太大，所以累着了——大概就是这样的印象。

但很多人并不是每天都会进行剧烈运动，却还是疲惫不堪。“好累啊”成了许多人的口头禅。

啊！我就是这样的。
动不动就说“累死了”……
尤其是挨了领导批评的时候，简直累得不行。

换句话说，山田先生的疲劳感来源于精神疲劳，而非身体疲劳。而我们现代人的疲劳主要指的就是这种精神疲劳。

身体疲劳和精神疲劳的区别

原始人的压力主要来源于周围的危险、饥饿、炎热和寒冷等外在因素导致的身体疲惫。这种压力往往与生命危险挂钩，但也很容易解决。遇上危险就逃，饿了就找东西吃，热了冷了就找地方避一避，简单得很。

而我们现代人的压力主要来自精神层面。工作总也忙不完，被他人的言论伤了心……想必很多人都有“自己的内心伤痕累累”的感觉。

精神疲劳不同于身体疲劳，它会导致烦躁、易怒、情绪低落、提不起干劲等问题，反反复复，难以解决。

若不及时纾解精神层面的疲劳，任其发展，就有可能像身体疲劳那样威胁生命。

| 疲劳的两种类型 |

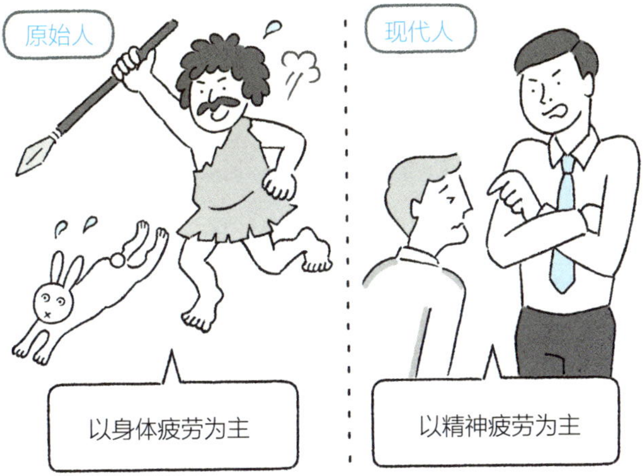

情绪摇摆不定时更容易感到压力

人只要活着，难免会出现情绪波动。但持续性的大幅情绪波动会以精神疲劳的形式日积月累，后果不堪设想。

精神疲劳源于情绪

疲劳往往是伴随着能量的消耗而产生的。肌肉运动所带来的能量消耗会导致身体疲劳，而情绪波动所带来的能量消耗则会导致精神疲劳。

现代人的疲劳主要是精神疲劳。总是把事情往坏的方向想，或是对某些事情感到愤怒，情绪便会持续波动，消耗大量的能量。持续琢磨这些负面的事情，要不了10分钟就会累得够呛。

确实如此。
感觉纠结“把事情办砸了怎么办”比实际干活还累。

是啊，**调动情绪比调动身体更累人。**除了睡着的时候，人的情绪几乎一直都在波动。如果波动幅度较小倒也无妨，可要是**反复出现大幅波动，身心就会背上沉重的负担。**

现代人因信息过剩疲惫不堪

现代人的情绪波动比任何一个时代的人都要频繁，这是因为现代社会充斥着各种各样的信息。

来自互联网、电视等媒体的信息无时无刻不在轰炸我们。而我们会下意识地做出情绪层面的反应，一会儿愤愤不平道："这也太过分了！"一会儿又觉得："事情不应该是这样的吧？"

由于信息过剩，我们还得在各种信息中选出质量最高的。这种选择也伴随着情绪的波动，因此也会引起疲劳。即使已经做出选择，我们还是会纠结到底应该选哪个，于是压力就更大了。

| 信息也是压力的源头之一 |

想象持续生成压力

想象“我很厉害”有时能帮助我们超水平发挥，可想象与现实若是相去甚远呢？

想象是行动力的源泉

如前所述，情绪会受到各种信息的刺激，产生精神疲劳。

但面对同样的信息，有些人的情绪会大幅波动，有些人则泰然自若。你觉得他们的区别在哪里呢？

呃……
为什么会有这样的区别呢？

其实关键不在于信息本身，而在于信息勾起了怎样的想象。

情绪由想象启动，也会借助想象驱动我们。

例如，原始人遇到猛犸象时，会想象“它是可怕的敌人，害死了我的伙伴”，于是感到恐惧。而恐惧会在想象层面将猛犸象放大成“更强大的敌人”。正是这种想象，促使原始人拼命逃离敌人。而自己的同伴被猛犸象伤过，想给同伴报仇的人还会感到愤怒。愤怒会带来“敌弱我强”的想象，促使原始人发动攻击。

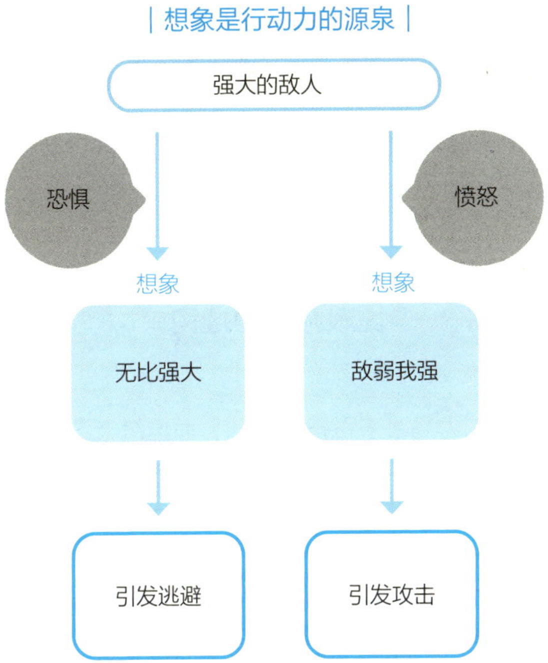

压力来自想象和现实的差距

现代人的压力与想象之间有着千丝万缕的联系。

如果我们面对的是猛犸象，逃跑或其他战斗行为一旦结束，肉体疲劳与精神疲劳便会随之结束。

然而，现代人的想象——好比功成名就、永葆青春这样的“理想”，会一直驱动我们的情绪，直到目标达成的那一天。

一旦需要直面“理想无论如何都无法实现”的现实，我们便会失去信心，责怪自己太没出息。而人一旦失去了信心，情绪就更容易波动，由此陷入恶性循环。

现代人的各种压力都能归结于人际关系

觉得自己不如别人，压力就会变大。要强的人特别容易出现这种情况。

比较与压力挂钩

现代人的压力主要来自情绪波动，而情绪波动又往往与人际关系（想象）有关。

啊？可我是因为工作太忙才觉得压力大的啊……

对，但“工作太忙”这四个字的背后，不也有对强加工作任务的领导、看上去比自己轻松的同事的不满吗？现代人的压力大多来源于这样的想象：“别人或自己应该×××”和“现实”之间的差距。

呃……还真是这样！

人际关系是一个特殊的课题，有可能通过情绪来改变。我们在面对台风等无法改变的自然灾害时，生气发火也是徒劳，但人际关系不然，生气发火是有可能带来改变的。

对现代人而言，人际关系最容易带来情绪波动，因此也最容易造成压力。

亚洲人对人际关系格外敏感

亚洲人对人际关系产生的压力格外敏感。因为东方人普遍有“随大流”的从众倾向，而且要求别人也从众。仅仅是不同意他人的观点，东方人都会习惯性地在心里嘀咕“是不是我自己的问题”，进而产生压力。

到了现代社会，与从众心理截然相反的个人主义自西方传入东方，于是大家渐渐开始追求“个性”和“与众不同”了。

传统的从众心态与来自西方的个人主义在这片土地上激烈碰撞，以至于人们一会儿纠结和别人做一样的事情到底对不对，一会儿又为难以展现个性而烦恼，搞得自己压力越来越大。

| 东方习惯随大流，西方崇尚个性 |

低收入群体的压力也来自人际关系吗

生活困窘的人也面临着压力。但导致压力的不是贫困本身，而是与他人的比较。

低收入群体的压力来源于纠结别人的看法

听说近年来很多年轻人和老人家因低收入问题而苦苦挣扎。他们的压力总不会是人际关系造成的吧?

青年和老年群体的低收入现状确实成了日益严重的社会问题。收入的高低决定了衣食住行的质量，因此低收入群体的压力乍看之下似乎与人际关系无关，殊不知**他们的压力也来自人际关系层面的想象。**

假如一个低收入者平时接触不到什么人，他也许会感觉到“自己很穷”，但不至于压力很大，只会觉得日子就是这么过的。可周围要是有很多比他富足的人，有部分人就会忍不住去比较。

“和他们相比，我的生活实在是……”这么一想，就很容易产生“我真是个没用的人”这样的念头。另外，“自己太穷了，没脸见人”这种想法会让人产生莫大的羞耻感，也很容易产生压力。

原来如此……
压力是由与他人的比较引起的，而不是自身情况造成的。

我们不光会跟别人比，还会跟自己比。拿现在的自己和年轻时的自己做对比，觉得自己越来越不中用了，也有可能陷入压力大的状态。

| 纵向比较也会造成压力 |

小压力放任不管也不要紧吧

心累不易察觉

原来我所感受到的累，不是身体上的累，而是心累，从而积攒了太多精神层面的压力。

不过身体疲劳的时候，人就没力气动了，很容易发现问题。而心累就没那么容易被察觉了，也没有明确的指标衡量现在的精神压力有多大。

听完我的困惑，老师点头说道："是啊。"

我也有过被压力折磨的经历，可当时完全没有意识到自己出现了精神疲劳，甚至无法理解自己为什么那么痛苦。

啊？您也有这样的经历吗？

嗯，如果不知道压力的来由，人就会下意识地归咎于自己，怪自己太软弱。

对，就是这样的！

我很累的时候也会特别嫌弃自己……

工作干不完，领导太严苛，都是我自己的问题——我确实产生过这样的念头。有时我甚至会觉得，发生在身边的所有坏事都是自己的错，特别自责。

自我厌恶会让人丧失自信。
哪怕是小压力也不能放任不管，要用正确的方法加以纾解。

小压力也不能不管吗？

嗯，其实折磨我们现代人的往往就是那些小压力，而不是大压力。

压力由小变大只是时间问题

大家往往会用忍耐的方式对待小压力，殊不知一味忍耐其实非常危险。因为小压力日积月累就有可能变成棘手的大压力。

别让小压力积少成多

情绪就像积分卡——这是日本漫画家西原理惠子的名言。日常生活中的琐事会让我们心烦意乱，但不至于当场爆发。然而怒气会像积分卡上的印章一样，越盖越多……最后在积满的那一刻统统爆发出来。这句话对人类的情绪机制做出了精辟的描述。

我觉得压力也有类似的“积分卡机制”。日常生活中的小压力不会突然升级，很难被注意到，忍一忍好像就过去了，似乎也不用特意采取什么措施。但再小的压力也是压力，不及时纾解，就会越积越多。

事实上，压力并不是慢慢感受到的，而是积累到一定程度后突然感觉压力很大。你以为不过是一些小压力，殊不知已经在不知不觉中迈入了危险区——这就是现代人的“压力积攒模式”。

压力确实会在重大触发因素（如工作失败、疾病）的作用下瞬间凸显，但那些因素往往只是表面上的契机。其实早在那之前，心里已经积累了相当多的压力，只不过那些突发事件让我们一下子认清了压力的存在罢了。

大麻烦造成的压力反而容易恢复

小压力都能积少成多，那大压力岂不是更不好对付了？

其实压力有一个神奇的特征：压力越大，恢复起来越容易。

因为压力和疲劳越大，就越容易被察觉到，于是我们就会尽早采取回避措施，及时休息。因此，大压力往往是暂时的，影响力不会持续很久。

留心小压力

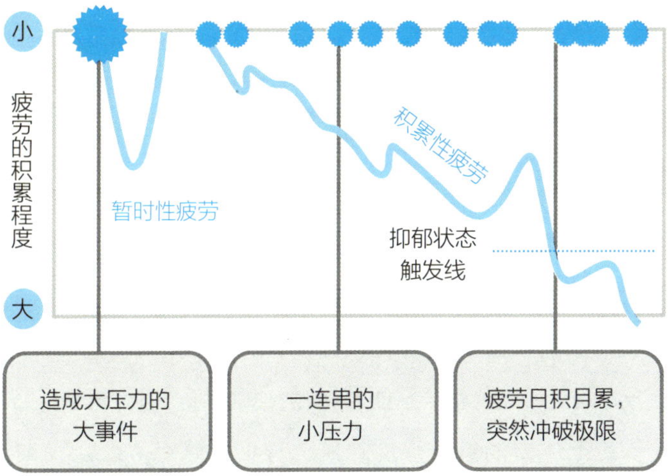

容易产生“休息一下”的念头。及时休息，更易恢复。

没有明显的大事件，难以感到休息的必要性，总觉得忍一忍就过去了。

生活并无明显的变化，却突然觉得喘不过气来，认为是自己忍耐得还不够。

别将压力归咎于你的能力与努力程度

我们生活在凡事都要自己负责的时代。压力应对也被归入了个人的责任范畴。然而，压力问题不是靠我们个人的努力就能轻易克服的。

努力不是解决压力的办法

我们很难搞清自己心里积攒了多少压力。由于没有明确的指标，人们往往要等到压力非常大的时候才能意识到自己有多痛苦。有时候，我们甚至搞不清楚压力是如何积攒到了这个地步的，于是很容易产生自责倾向。

这么想有问题吗？压力的源头确实在我们自己身上，怪自己也没错啊……

压力的源头确实在我们自己身上。但那只是因为我们从原始时代的祖先那儿继承来的为生存服务的压力机制发生了"误启动"。关于这部分内容，我将在第3章中详细说明。总之，并不是说只要努力面对，痛苦就一定能够克服，事情可没那么简单。

要是把压力的责任都揽到自己身上，认定"都怪我太没毅力""我得加倍努力"，人就会咬紧牙关，继续往前冲，但压力并不会因此消失。压力不是单靠努力就能解决的问题。

压力让人丧失自信

若受困于“压力可以靠努力解决”这样的思维，迟早都会遇到怎么努力都无法解决的情况。最终的结果就是丧失自信，你会觉得自己真是个废物，什么事都做不好。

自信是人活在这个世上的精神支柱，是自信让我们觉得自己普普通通地活着就是有意义的。失去自信，就是否定了自己的存在价值。请大家牢记，这种状态可能会导致抑郁，甚至催生出“求死”的念头。

| 正确理解压力的原因 |

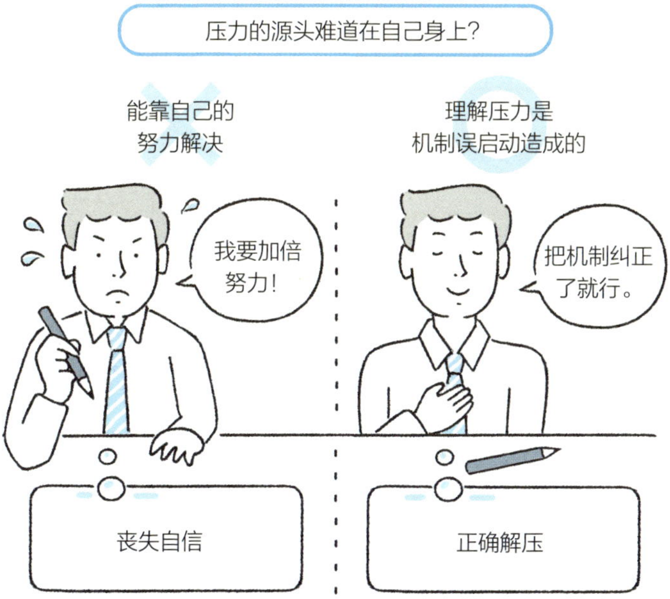

正确认识压力

本章小结

- [ ] 压力来自我们体内的保命机制。
- [ ] 压力建立在疲劳之上，而疲劳主要来源于人际关系。
- [ ] 人人都有压力，有压力才是常态。
- [ ] 解压不当会适得其反。
- [ ] 小压力更需要及时纾解，放任不管极有可能发展成大压力。
- [ ] 因压力丧失自信，有可能陷入抑郁状态，甚至催生出“想要一了百了”的念头。

不及时纾解压力，还会想不开寻短见啊……我还是头一回听说。

是啊！因此决不能对压力掉以轻心。不过也别太担心，只要尽早正确地纾解，就能与压力和平共处。

第 2 章

4 个强心妙招

因为一点小事感到有压力时，
我们难免会感叹：“要是内心强大一点就好了……”
本章将介绍几种在日常生活中纾解压力的训练方法，
简便易行，一定要试一试！

咨询者

山田明（25 岁）

经过上一次的咨询，山田明对压力有了初步的认识。于是他又琢磨：“有没有什么办法可以抵抗压力呢？”

日常生活中的抗压小妙招

“练就不惧压力的强大内心”

我在网上看到了一篇以这句话为标题的文章，不禁惊呼：“内心还能锻炼啊？”那可是“内心”啊！看不见摸不着的呀！真能像练肌肉那样，让心灵也变得强大起来吗？

如果真的可以，我倒是很想试试看呢，毕竟练成了就再也不怕压力了……

于是我决定在下一次咨询的时候问一问下园老师——

老师，有没有锻炼内心的方法呀？
心灵足够强大，就不会被压力打垮了……

锻炼内心的方法吗？有啊。
你觉得可以怎么锻炼呢？

我想想……
比如多经历一些不顺心的事情，好让自己习惯？

多一些经验确实很重要，但为了让自己习惯，每天都过得不顺心，反而容易积累压力。

老师苦笑道："嗯……是这样吧。"

话说我好像听说过有一些方法可以改变思维方式，让我们尽量感觉不到压力……

我在脑海中反复思虑，战战兢兢地回答道。老师接着若有所思道——

确实有一种叫"认知行为治疗"的训练，可以帮助我们调整思维方式与感知方式，不容易因为一点小事就压力重重。
但那毕竟是训练，只能在状态比较好的时候进行，而且个体的效果差异非常大。

原来如此，看来方法还是有的，只是不像魔法那样神奇吧。那我还挺感兴趣的！见我一脸好奇，老师点了点头说："好——"

那接下来，我就介绍几个大家反馈下来比较管用的方法吧！

发现 30 个小美好，提升幸福敏感度

告别压力的第一步是发现身边的美好。通过训练，提升对美好事物的敏感度吧！

寻找身边的小美好

“总感觉有人在说我的坏话。”“大家好像都在刻意无视我。”你有没有过这样的感觉？

有！压力大的时候，总觉得别人的一举一动都带着恶意。

希望世界变成没有恶意的乐园，但这是不可能实现的……不，在某种程度上还真有可能实现。我们无法改变世界，但我们可以改变自己对世界的看法。只要能感觉到世界并非危机四伏、恶意满满，身心的紧张就能得到有效缓解。为此，我们可以有意识地进行一些正向刺激的练习。“发现30个小美好”就是以此为目的的一种训练方法。

具体做法非常简单：在自己身上和身边找出30个美好的事物。一开始可能凑不满30个，改成10个也行，总之有多少列多少，再小的美好也无妨。

提升对幸福的敏感度

定时实践这个方法，比如每天早晚去寻找身边的美好事物，就能在意识层面养成习惯，更容易产生幸福感。

老师，我也试过这类方法，可是很难列出积极向上的事物。换成消极的，倒是能列出很多……

是这样的，我们平时对负面情绪更为敏感，因此才需要通过刻意寻找美好的事物来纠正人体机制的误启动。

但在压力大的时候，寻找美好事物简直比登天还难。这是因为人处于受压状态时，把注意力放在负面、消极的事情上才是正常的反应。当你遭遇逆境时，不妨停止训练，只需要意识到自己承受着许多难以察觉到的压力就行了。

失败即机遇！“神奇 40”思维

畏惧失败是人之常情，但只要稍稍调整对失败的看法，也许就能迎来不同的结果。把失败看作难能可贵的机遇吧！

失败将压力和自我厌恶串联起来

每个人都无法避免失败，也许你都数不清自己栽过多少次跟头。想必很多人都有过因失败带来的挫折感而几乎丧失自信的经历吧。

若是在处理压力时遭遇失败，未能顺利解压，人也会产生挫败感，在压力的基础上又平添了自我厌恶，诸如“我可真没用”的负面情绪，这简直就是雪上加霜。

我就是这样的！
总觉得自己太没用了，一点压力都处理不好……

下面将要介绍的“神奇40”思维不仅能用于解压，也适用于遭遇失败的时候，大家不妨一试。

40次失败才能孕育出1次成功

所谓“神奇40”思维，就是告诉自己“不失败40次，就没法熟能生巧”。换句话说，只要栽上40次跟头，便可以熟练掌握大多数技能。失败的作用就是如此神奇。

每个人都有无限的潜能。只要你想掌握某种技能，想要改变自己，那就一定能做到，而且结果往往会超出预期。不过这个过程离不开学习。学习意味着反复练习，直至掌握正确的态度与方法。而反复练习就会伴随着失败。我们能通过失败总结经验教训，告诉自己“下次要注意这方面”“那么做就不会错了”，这有助于进步与成长，久而久之便能融会贯通。

“写作‘失败’，念作‘成长’。”——这是日本前职业棒球运动员、著名教练野村克也的名言，与“神奇40”思维不谋而合。

失败就是机遇，告诉自己：“再失败39次就会了！失败是成功的第一步！”唯有脚踏实地，继续努力。坚持就是力量！

| 把失败看成机遇 |

别再为“选哪个”纠结了！巧用“七三法则”

“七三法则”是有助于摆脱完美主义的思维方式。非黑即白不一定就是最优解，7：3刚刚好。

来自选择的压力

面对“二选一”的局面时，我们往往会难以抉择，产生压力。“难以抉择”有两方面的原因。一方面是觉得两个选项虽然相互对立，但都很重要。另一方面则是觉得决策果断固然好，但没被选中的也是自己的一片心意，而无视这种心意会造成自我否定。于是做出决定之后，便会有悔意涌上心头。

是的，选哪边好像都会后悔……

对！那是因为无论选哪边，你都会把注意力放在坏处。犹豫着“是不是选那个更好一些呢”，无法抉择，压力就更大了。不仅如此，你还会因为自己不够坚决果断而产生自我厌恶的情绪，进一步加重受压状态。

按“7：3”的标准行事

为了防止做出选择后又自我否定，不妨设定一个可以平衡两个选项的折中方案。先暂定A或B。不要设想选好之后的具体情形，先揣摩一下自己的心意更偏向哪个选项。即使选了A，也不要只关注A而完全忽视B。按“7（A）：3（B）”的标准行事即可。

假设你压力很大，必须在休息和工作之间做出选择，而你选择了休息。那我建议你不要用100%的时间去休息，而是按7：3分配休息和工作的时间。可以一周工作两天，也可以将每天的工作时间压缩到原来的30%。

无论选哪个，都不可能100%正确，总会有这样或那样的不如意。我们要承认现实，不要去纠结那些不如意，尽量按“七三法则”行事，并且告诉自己：“这是我综合考虑了整体情况选择的合理方式。”实践一段时间以后，再视情况加以调整。如此一来，就能慢慢摸索到两全其美的方法。

| 用“七三法则”减少选择带来的压力 |

用“聚焦”缓解焦虑，重塑自信

“聚焦（Focusing）”是一种心理咨询技法，旨在利用身体的感觉，帮助人们消除心中的不快。

通过“聚焦”认识到困扰的存在

人一旦专注于自认为重要的事情时，就会忽略其他的事情——我们已经在第1章中讨论过这种现象了。有压力的时候也是如此，一旦认定“压力是××造成的”，我们就会专注于应对，其他的都成了无关痛痒的“小困扰”。然而，这些“小困扰”也有可能发展成巨大的压力。

其实就压力管理而言，关注并及时处理“小困扰”也是非常重要的。将它们逐个击破，不仅能抚平心中的不快，让人神清气爽，还有助于重塑信心，让你相信自己有能力应对这些小问题。

话说你能立刻列举出几个烦心的“小困扰”吗？

嗯……
一时半会儿想不出来。

我们往往认为“小困扰”都是些鸡毛蒜皮的事，无伤大雅，所以才想不起来。接下来介绍如何“聚焦”能帮助我们认识到“小困扰”的存在，并及时处理。

“聚焦”的操作步骤

STEP 1 回想困扰自己的事情

稍微回想一下烦心的“小困扰”。可以同时回想好几件事。

STEP 2 选择其中之一，仔细回忆

仔细回忆“当时自己做了什么”“和谁在一起”“看到了什么”等。

STEP 3 用语言表述自己的感受与心情

经过STEP 2 的仔细回忆，你可能会感觉到身体内部的些许变化。例如“感觉胃沉甸甸的”“嗓子发苦”……这种感觉被称为“体会（Felt-sense）”。

STEP 4 给“体会”命名

你感知到的“体会”有怎样的视觉特征（形状、颜色、大小）、听觉特征（声音）和身体感觉（重量、温度）呢？我们可以用“像猫咪一样软绵绵、暖烘烘”这样的语句来表述。然后以此为线索，给你的“体会”起一个合适的名字。名字越贴切，体会就越容易产生变化。

STEP 5 向“体会”提问

试着向“体会”发问：“你想告诉我什么？”答案不一定是语句，也有可能以图像和感觉的形式呈现。不要着急，耐心等待。得到回应后，记得说一声“谢谢”。如果得不到回应，就说“我下次再来”，结束本次聚焦。

4个强心妙招

本章小结

□ 养成在自己身上和身边寻找30个小美好的习惯，提升对幸福的敏感度。

□ 告诉自己“成功建立在40次失败的基础上”，没必要因为寥寥几次失败就否定自己。

□ 为如何选择犹豫不决时，牢记“七三法则”，想好折中方案，照顾到没被选中的选项。

□ 对压力感到无从下手时，通过“聚焦”认识到困扰的存在。

本章介绍的方法适用于状态相对健康的人群。
如果你感到非常疲惫，压力很大，
请务必先休养一阵子。
不必把每个方法都用上，从力所能及的开始尝试即可。

好的，明白啦！

第3章

催生压力的身心机制

恐怕很少有人了解压力的形成机制。
不过只要稍加学习，
就能客观认识自身的压力，
自然而然找到正确的解压策略。

咨询者

铃木彩香（34岁）

上班、做家务、带孩子……每天忙得不可开交，感觉压力很大。希望通过咨询掌握解压方法，让自己轻松一点。

压力是如何产生的

到底应该如何缓解压力

一见到下园老师，我就迫不及待地想要提问，毕竟咨询时间只有60分钟，一分一秒都不能浪费。

而且我是真的想尽快摆脱现在这种压力重重的状态，一刻都等不了了……

工作、做家务、带孩子……我每天都忙得团团转，被压力搞得喘不过气来，真不知道什么时候才是个头。

听上去的确很辛苦啊，可惜压力是很难彻底清除的。

这我知道，但总有办法可以稍微缓解一下吧？

我也知道自己的说话方式有点冲，老公也经常抱怨我："你就不能温柔一点说话吗？"可是一着急就顾不上这么多了。

"结果说话还是这么冲……"就在我开始自我反省的时候，老师开始说道——

那就让我们先来了解一下压力的形成机制吧。

……可以是可以，但这样就能缓解压力吗？

只有了解了压力的形成机制，我们才能客观地审视自己所面临的压力。

在这个过程中，自然就能总结出应对压力的方法。

就是所谓的"先了解自己的敌人"？

见我向前探身，似乎有了兴趣，老师点了点头，微微一笑。

也可以借这个机会琢磨琢磨，压力究竟是不是我们的敌人。

我半信半疑，但还是决定耐心地听下去。

人脑的复杂性使压力错综复杂

首先，压力是复杂的。之所以复杂，是因为产生压力的人脑机制非常复杂。

压力的复杂性=大脑的复杂性

让我们来了解一下压力的本质吧。

正如我在第1章中所说的那样，压力不是消除外界刺激、稍加纾解就能解决的简单问题。因为压力的产生、扩大和积累机制非常复杂。正是这种复杂性使得我们很难走出受压状态。

而这种复杂性恰恰是人类在严苛的环境中一边进化一边获得的。

复杂源自脑前额叶皮质的机能

脑前额叶皮质参与的活动

- 思考
- 控制行为和情绪
- 沟通
- 记忆
- 应用
- 专注
- 产生干劲

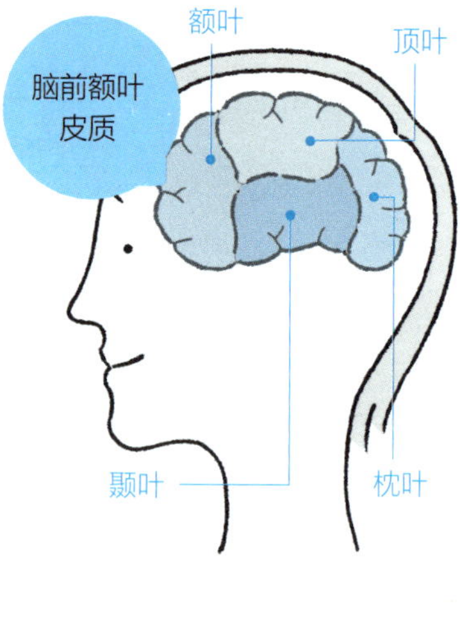

复杂源自脑前额叶皮质

发达的人脑是人类进化的一大特征。

人脑由大脑、小脑和脑干组成。其中，大脑占人脑总重量的80%。大脑可以细分为四个区域，额叶是其中之一。而额叶的主要组成部分“脑前额叶皮质”与人类的各项主要活动息息相关，包括思考、判断、情绪和行动等。

脑前额叶皮质的机能让人类产生了丰富的思想和情绪。面对某种刺激时，我们不仅会感到惊讶或害怕，还会思考“这是一种什么样的刺激呢”，然后告诉自己“先别慌，保持冷静”，进一步做出反应，决策下一步要采取的行动。这是人类特有的重要机能，其他动物则不具备这样的能力。

动物感到害怕的时候只能做出“害怕”的反应，但我们人类会做出“害怕但又觉得很有趣”或者“正因为害怕才更要努力”等反应。

没错。动物对事物的反应总是按照A→B→C这样的固定顺序展开，而人类在A之后会有B以外的选项，再往后也有C以外的选项，我们会根据实际情况判断自己要做出何种反应。

人类本就有如此复杂的机制，在复杂的机制下产生的压力必然也是错综复杂的。而压力的产生来自脑前额叶皮质的机能。

压力由两种痛苦而生

压力即痛苦，是“负面情绪型痛苦”和“能量型痛苦”的复合体。

压力即痛苦

如前所述，疲劳是现代人的压力核心（详见第1章）。

不过，“疲惫”并不会立即产生压力，疲劳产生压力的机制也很复杂。

那么，就让我们从疲劳催生压力的第一个阶段——痛苦的产生说起吧。

人生在世，谁也免不了要经历两种痛苦——“负面情绪型痛苦”和“能量型痛苦”。也就是说，当我们感到压力的时候，其实就是感受到了这两种痛苦。

啊？压力居然不是单纯的一种感觉，还可以分为两种？

是的，而且这两种压力需要用不同的方法去纾解。仅凭这一点，你应该能理解压力的复杂之处以及压力无法被简单消除的原因了吧。

“负面情绪型痛苦”和“能量型痛苦”

“负面情绪型痛苦”，顾名思义，指的是由愤怒、不安、焦躁、悲伤等负面情绪引起的痛苦。

看不惯某人的言行，越想越窝火，怒火久久无法平息……不知大家有没有这样的经历。这种窝火的状态也是“负面情绪型痛苦”的一种。

“能量型痛苦”是由缺乏能量而引起的痛苦，多源于饥饿或睡眠不足。这是一种很容易察觉到的痛苦，比如“饿了”“累了”“困了”。我们生活在一个富足的时代，看似与这类痛苦无缘，殊不知现代人的压力也与这些因素密切相关。

| 催生压力的两种痛苦 |

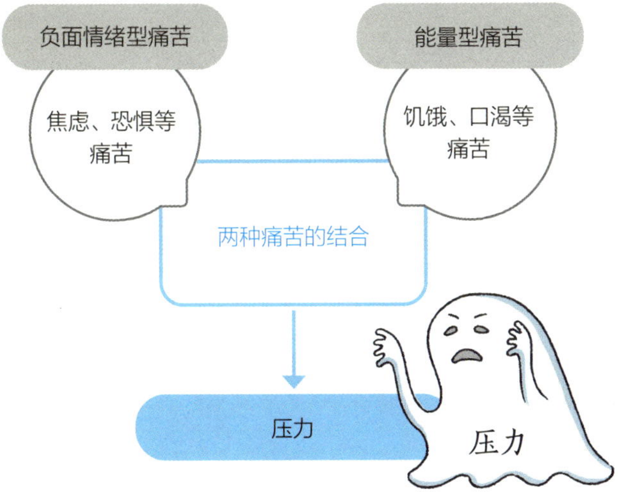

什么是“负面情绪型痛苦”

“负面情绪型痛苦”也是压力的一种吗

压力是由两种痛苦结合催生出来的。这两种痛苦分别是“负面情绪型痛苦”和“能量型痛苦”。一下子冒出来好多专业术语，感觉有点晕……

不行不行，不能被几个词吓倒了！为了纾解压力，也得充分理解这些概念呀！

我抱着这样的念头拼命做笔记。老师见状微笑着说：“那就让我们再分别深入了解一下这两种痛苦吧。”

从字面看，不管是“负面情绪型痛苦”，还是“能量型痛苦”，都属于痛苦，但它们却有着不同的性质。

啊？！那就没法一起纾解了……

对。不认清这一本质，就无法妥善应对。

听到这话，我狠狠点头。确实如此，原因不同，纾解方法当然也不一样，这个道理我也懂。

所以我们需要深度学习这两种不同的痛苦。
老师，那就先讲讲“负面情绪型痛苦”吧。

好的。“负面情绪型痛苦”有一个非常明显的特征——它是人类针对迫在眉睫、性命攸关的危机做出的反应。

性命攸关的危机？这都21世纪了，我们又都生活在和平的国家，哪来的生命危险啊？

……不行不行，不分青红皂白地否定可不是好习惯。让我们先听听下园老师是怎么讲的吧。

“负面情绪型痛苦”会引起防御行为

“负面情绪型痛苦”会促使我们自主采取自保行为，应对近在咫尺的危机。

情绪是行为的判断标准

“负面情绪型痛苦”当然建立在负面情绪之上。那么什么是负面情绪呢？顾名思义，负面情绪就是令人不快的情绪。焦虑、恐惧、紧张、急躁、伤心……不难想象，这些都是让人不痛快的情绪。

早在我们还是原始人的时候，这些负面情绪就已经存在了。当然，开心、快乐、幸福等正面情绪也一样存在。这两类情绪能帮助我们识别“危险的东西”和“喜欢的东西”，并对其做出适当的反应。

啊？！情绪不光是用来表现喜怒哀乐的啊？

对。让我们再次坐上时光机，回到远古时代，一探情绪的根源吧。

那时候的原始人生活在各种各样的危险之中。有猛犸象这样的野兽，有恶劣的天气，还有天崩地裂的自然灾害……而且他们不像现代人那样，有各种保护自己的措施，所以必须运用种种感官来分析眼前的事态，做出正确的决策。

如果他们经过仔细观察，判断某样东西是无害的，就会产生“看起来很好吃”“看起来很好玩”这样的正面情绪，促使他们朝那个东西走去。这就是驱使原始人走向猎物和异性的原动力。

负面情绪=想远离危险事物的念头

那么，如果他们借助感官进行观察和分析之后，判断某个东西是危险的呢？在这种情况下，他们会产生“害怕”“想逃跑”等负面情绪。如此一来，他们便会选择与眼前的敌人拉开距离，或者逃离危险。

由此可见，情绪的存在原本是为了帮助我们判断事物是否危险，以便做出“靠近还是远离”的决策，从而保障自身的生命安全。

| “负面情绪型痛苦”的形成机制 |

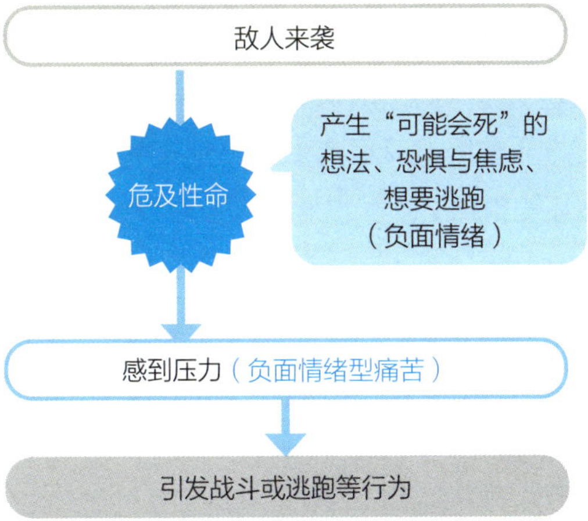

疲劳会放大负面情绪

疲劳时更容易产生负面情绪，进而导致压力。因为人体将疲劳视为“性命攸关的危机”。

疲劳有可能导致负面情绪

到了现代，情绪仍在不遗余力地保护我们。

也就是说，判断眼前的事物是“无害的、可以接近的”，还是“危险的、需要远离的”，靠的是情绪而非理性。

例如，看到一个人面带微笑，你就会觉得“他的心情好像不错，过去聊两句吧”。如果对方是一副心烦意乱的样子，你自然会想“他是不是在生气啊，还是躲远点吧”。这都是情绪使然。

但是，**基于情绪的判断不一定百分百准确。**换句话说，这套机制是有可能误启动的。**现代人的情绪会在种种场景下出现误启动现象，疲劳状态下的误启动尤其常见。**对方在笑，你却不觉得是对方心情好，反而产生种种负面情绪，比如“我都难受死了，你还笑得那么欢！”“你肯定是在嘲笑我！”以至于产生无谓的痛苦。

只是有点累而已，怎么会做出这么离谱的判断，助长负面情绪呢？

因为对于原始人来说，疲劳就等于虚弱。虚弱的时候容易被猛兽袭击，容易失去在族群中的地位，甚至被同伴抛弃。

在这种情况下，“开心”之类的正面情绪没有任何用武之地。人会全力激活负面情绪，以保护自身的安全和地位。

也就是说，“疲劳的时候容易产生负面情绪”是人类的天性使然。

长期带着负面情绪，就会逐渐习惯这种刺激，而我们对这种负面情绪产生的反应也会变得不那么强烈。但情绪本身会一直堵在你心里，很难彻底消弭。这也是人体的机制之一，旨在帮助我们捕捉所有的危险元素，以便更好地保护自己。

| 疲劳时更容易产生负面情绪 |

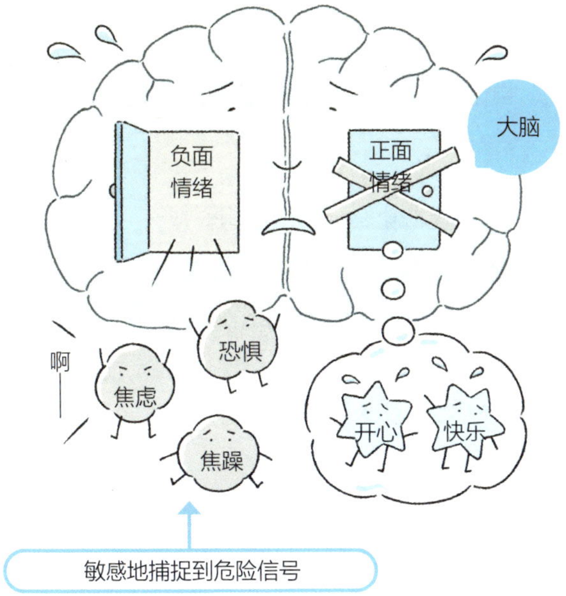

丧失自信容易催生负面情绪

人不仅在疲劳时容易有负面情绪，丧失自信时也很容易产生负面情绪，而且这类情绪也会反过来瓦解自信。

负面情绪因自信的丧失而爆发

除了疲劳，缺乏自信也是催生负面情绪的原因之一。

正如我们在第1章中讨论过的那样，自信其实是一种积极向上的展望，即“我现在这样就能活得很好”。那么，这种自信是如何产生的呢？

自信应该是建立在以往的经历之上吧？

没错。自信来源于以往的记忆和经验。

初次挑战时，任何人都是忐忑不安、缺乏自信的。但只要经历过一次，就会萌生自信，告诉自己“我能克服这样的困难”。

下次再遇到相似的挑战时，你就会判断“这是可以克服的”，从而冷静应对。这种状态就叫“自信”。

那要是缺乏自信呢？

原始人面临的挑战通常都伴随着生命危险。不自信的时候，就是有生命危险的时候。每当他们面临危机之时，所有的负面情绪，如恐惧、焦虑等，就被激活了。

然而，现代人面对的挑战往往是人际关系和明天要做的工作汇报，就算缺乏自信，也不至于丢掉性命。因此，对于现代人来说，继承自原始人的负面情绪往往容易被误启动。

| 自信是“行不行”的判断标准 |

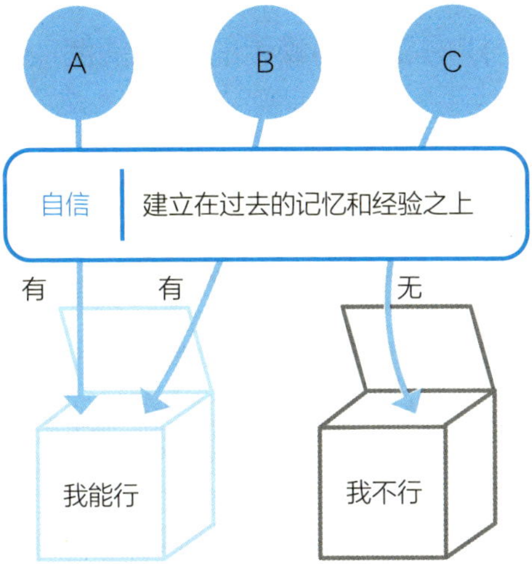

压力编织的“无尽循环”

有时候，我们会在瞬间丧失通过经验建立起来的自信。其诱因是劳累过度。

人在筋疲力尽的时候，再怎么努力都很难把事情办好。于是便会失去信心，纠结“我明明能做到，怎么就做不好呢”。即使你曾经克服过许多困难和难题，好不容易建立起来的自信仍会土崩瓦解。

这种状态会进一步降低自信，催生出“我就是不中用”的心态，拉高压力指数……久而久之，你就走不出这个无尽的循环了。

焦虑是最棘手的负面情绪之一

有些负面情绪来得快，去得也快，有些则不然。那些挥之不去的负面情绪正是大多数人的压力源头。

焦虑是一种棘手的负面情绪

负面情绪能为我们保驾护航，但在现代社会很容易被误启动，需要悉心呵护。在种种负面情绪中，焦虑恐怕是最难对付的了，因为它会持续很长一段时间。

有些负面情绪转瞬即逝，有些却在我们心头挥之不去。比如，惊慌和恐惧就不会持续太久。只要造成这种情绪的对象离开我们的视野，情绪本身就会随之烟消云散。

相反，有些负面情绪会持续很久，焦虑就是其中最具代表性的一种。这是因为造成焦虑的原因往往比较模糊。

出道题考考你。你觉得焦虑是一种什么样的情绪呢？

呃……大概就是对一些明明不存在的事物感到害怕和不安吧……

对，焦虑是原始人在预测未来可能会出现的危险时会使用到的一种情绪。

寻找危险的迹象，借此推测出灾祸发生的可能性，迫使我们采取必要的行动。这就是焦虑的作用。

这套机制同样作用于现代人面临的挑战。碰到一点小事，我们就会不停地纠结“要是事情发展成这样怎么办”，产生莫名的焦躁感，辗转反侧，夜不能寐。在此期间，我们的精神和身体都处于紧张状态，久而久之就变得疲惫不堪了。

| 负面情绪的持续时间有长有短 |

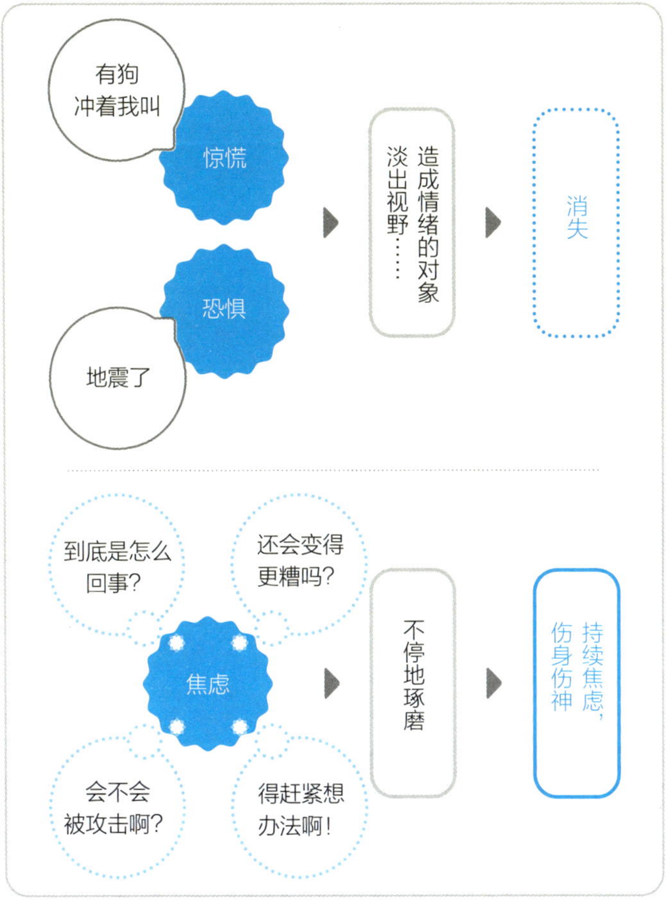

什么是“能量型痛苦”

现代人的“能量型痛苦”是怎么回事

听完下园老师的讲解，我有种茅塞顿开的感觉。我还是头一回听说，情绪会促使我们采取行动，保护自己免遭危险。

我成天心急火燎，搞不好就是因为我把眼前的工作和家务当成了一种“身边的危险”。毕竟我总是担心，不把这些事情搞完就会有大麻烦。

这些负面情绪恐怕也和过度劳累有关……

但老师的讲解才进行到一半，还得学习一下另一种痛苦。

于是我盯着老师，问道——

老师，再讲讲另一种痛苦，也就是“能量型痛苦”吧。

好。接下来我说说“能量型痛苦”吧。

话说，你觉得“能量型痛苦”是一种什么样的痛苦呢？

名字里都有“能量”这两个字了，肯定跟能量的增减有关吧？

没错，这是一种由能量不足引起的痛苦，跟之前多次提到的疲劳密不可分。
其实“能量型痛苦”原本是一种很容易感知到的痛苦，起因是饥饿或睡眠不足等。

原本？难道现在不是吗？

对，现在不是了。

还真是。现代人很少需要忍饥挨饿，睡眠不足也能通过补觉缓解，几乎不会因为这两个问题而感到困扰。那“能量型痛苦”到底是怎么一回事呢？我不禁思索起来。见状，老师补充道——

而且“能量型痛苦”比“负面情绪型痛苦”藏得更深，不容易被察觉到。

压力的另一大因素——“能量型痛苦”

“能量型痛苦”原本由饥饿等问题引起，但现代语境下的“能量型痛苦”发展出了另一种形态。

“能量型痛苦”是能量水平下降造成的痛苦

造成压力的另一种痛苦就是“能量型痛苦”，由饥饿、口渴、疲倦或睡眠不足等问题造成。顾名思义，人会在能量水平下降、感觉生命受到威胁时产生这种痛苦。

远古时代，我们的祖先缺衣少食，时常因为挨饿产生能量型痛苦。

那我们现代人呢？现代人吃得饱、穿得暖，照理说早该摆脱能量型痛苦了，但事实并非如此。

我们体内仿佛有一台测量能量水平的仪表。仪表是老祖宗传下来的，会将能量水平的下降判定为有生命危险。换句话说，人体对能量水平的下降非常敏感，稍有下降就会判定为有生命危险，随即产生痛苦。

能量被浪费了也会造成痛苦

可是我们又用不着忍饥挨饿，消耗的能量也没有原始人那么多吧？

| “能量型痛苦”的形成机制 |

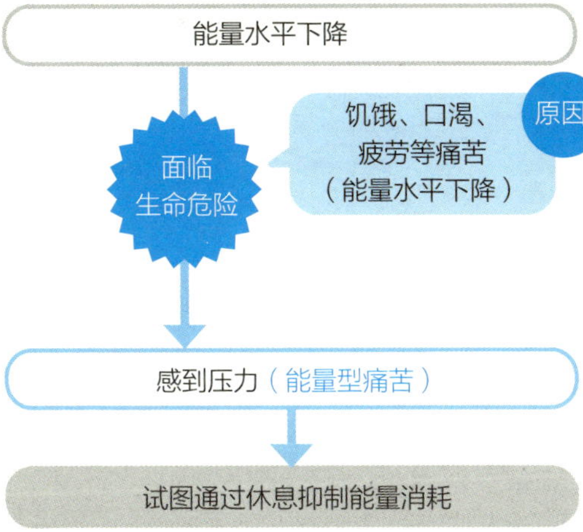

没错。人在两种情况下容易产生能量型痛苦——能量消耗过快的时候，以及能量被浪费（低效使用）时。

尤其当你感觉自己在做无用功的时候，你会产生“能量被白白剥夺”的想象，进而激发能量型痛苦。

当努力得不到任何赞赏或感谢的时候，身心都会觉得非常疲惫，不是吗？这种感觉和“好难受”“感觉快要撑不住了”这样的能量型痛苦紧密相连。

现代人的能量型痛苦虽然比不上原始人忍饥挨饿的痛苦，不至于有性命之忧，但对于感受到能量型痛苦的当事人来说，那就是威胁到生命安全的痛苦。

然而，能量型痛苦的可怕之处就在于它难以被察觉。

“能量型痛苦”不易被察觉到

我们感知两种痛苦的方式有所不同。“能量型痛苦”比“负面情绪型痛苦”更难察觉，也更容易积累。

“能量型痛苦”的陷阱

如前所述，“能量型痛苦”是困扰现代人的一大问题。但令人费解的是，和“负面情绪型痛苦”相比，它更不容易被我们察觉。

让我们再梳理一下两种痛苦的区别。“负面情绪型痛苦”是在生命即将受到威胁的情况下产生的。面对突然被猛兽袭击、被大火包围这样的危机时，愤怒、恐慌等负面情绪会激发痛苦，促使当事人（原始人）立即做出最有效的应对。

而“能量型痛苦”原本是由饥饿或睡眠不足等引起的。忍饥挨饿、抵挡睡魔确实很难受，可就算放任不管，也不至于立刻一命呜呼。对原始人来说，“对付眼前的野兽”比“填饱肚子”享有更高的优先级。

而且，“能量型痛苦”本身实际消耗的能量并不多。

“负面情绪型痛苦”会激发种种情绪，消耗大量的能量。但“能量型痛苦”只是促使我们在饥饿或昏昏欲睡时减少活动罢了，耗费不了多少能量。

这么听下来，“能量型痛苦”好像没什么大不了的嘛。

其实这正是能量型痛苦的陷阱。它不容易被察觉到，也不会消耗太多能量，可若是放任不管，就会持续消磨你的精力。回过神来意识到问题的时候，能量已经枯竭见底，导致能量型痛苦不断升级，让人陷入高度的受压状态。

这种难以察觉的“能量型痛苦”也算是一种神不知鬼不觉的压力了。

| 两种痛苦的差异 |

负面情绪型痛苦	能量型痛苦
为应对眼前的危机而产生的痛苦	饥饿、口渴等问题造成的痛苦
▼	▼
必须立即应对	可以不立即应对
▼	▼
非常容易察觉	难以察觉，容易积累

压力的关键在于大脑的疲劳

痛苦的根源到底是“身”，还是“心”

造成压力的两种痛苦对于我来说都不陌生，都是切身经历过的痛。

我向来脾气急躁，成天心烦意乱，总觉得自己没出息，越想越难受。做家务的时候也常在心里嘀咕：“有必要搞这么累吗？”然后就心里特别郁闷。我也知道，正是这样的痛苦在折磨着我。

从表面看，身体上没有受到一丝伤害，内心却早已是千疮百孔……

想到这里，一个问题浮现在我的脑海中——

老师，您说的这两种痛苦好像都是我们的大脑创造出来的呢……

是的，这两种痛苦都源自我们的大脑。
那么，你知道这是为什么吗？

呃……这个……

见我陷入了沉思，老师便说：“给你一个提示吧——”

如果把人分成身体和大脑两部分，你觉得人之所以是人，主要得归功于哪一部分呢？

嗯……人比其他动物聪明，应该归功于大脑吧？

没错。人的大脑高度发达，所以我们更倾向于用脑而不是身体。
大脑用得多，自然就容易疲劳。

您的意思是，造成压力的疲劳发生在我们的脑子里？

对。是大脑的疲劳让大脑产生了痛苦的感觉。
这就是两种痛苦的本质。

压力重重时涌上心头的种种负面情绪

人一旦感受到压力，会同时激起种种反应，如烦躁、失眠等。这是多种负面情绪被一齐触发的结果。

有多少种负面情绪，就有多少种压力反应

烦躁、郁闷、哀伤、失眠、身体不适……压力重重时，我们会有各种各样的反应，而且反应几乎不会单独出现，总是三五成群地找上门。这是有原因的——

压力引发的症状往往源于负面情绪。

负面情绪不会单独出现，而是同时被激活若干种，因此伴随情绪而来的反应也不止一种。更要命的是，其中一些反应会导致相互冲突的行为，处理起来十分棘手。

会同时出现好几种负面情绪吗?
可我生气的时候只会感到愤怒啊……

如果你的整体状态比较健康，对一种刺激也就只会产生一种负面情绪，比如“因为碰到了气人的事情，所以生气”“因为别人说了很难听的话，所以伤心”等。

但如果是在疲劳过度从而导致神经过敏的情况下，事情就没那么简单了。一旦碰上气人的事情，你不仅会觉得气愤，还会感

到焦虑，疑心对方是不是看自己不顺眼，或是产生自我厌恶感，开始怀疑错的是不是自己……总之，情绪会频繁波动，激活多种负面情绪。

| 负面情绪纷纷涌来 |

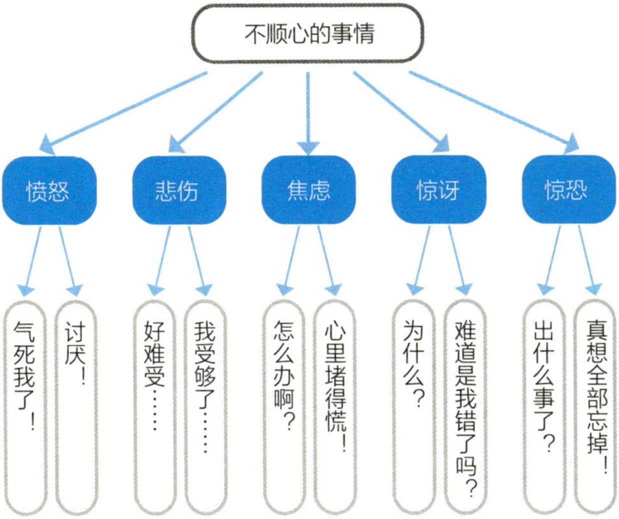

抑郁就是“多种负面情绪被一齐触发”的状态

人处于抑郁状态的时候，不仅会产生促使自己采取行动（应对）的情绪，比如愤怒、焦虑等，还会生出悲伤、求死等要求自己“别动”的情绪。我们将这种痛苦比喻为“一边踩油门，一边踩刹车”。

现代人压力的主要来源是疲劳。

难以察觉的疲劳日积月累，带来了能量型痛苦，同时还触发了多种负面情绪——这就是所谓的“抑郁状态”。因此，有些抑郁的人会痛苦到寻短见。

大脑因情绪波动而疲劳

频繁的情绪波动会让大脑消耗大量的能量，使大脑陷入疲劳状态。

现代人因情绪波动而疲惫不堪

不知道大家有没有听说过“情绪劳动（Emotional labor）”这个词。所谓“情绪劳动”，就是在工作时需要展现某种特定情绪以达到其所在职位工作目标的劳动形式，比如护士、服务员、演员等。据说从事这类工作的人更容易出现情绪和精神层面的疲劳。**因为对于现代人来说，需要调动情绪的脑力工作比体力劳动更耗费精力。**

也就是说……因压力而同时产生的好几种情绪，也会让大脑变得疲劳？

没错。我们现代人每天都要产生大量的情绪，因此才会疲惫不堪。

大脑的疲劳难以察觉

可我从未有过“脑子很累”的感觉啊……

这是我们体内的疲劳监测系统造成的。

人类通过升级大脑实现了高度进化。就整体功能而言，大脑的功能要远大于身体的功能。不过，如果单从对疲劳的感知层面来看，大脑的功能则小于身体的功能，身体的灵敏度反而更胜一筹。这是因为**在进化的过程中，监测大脑能量消耗情况的机制没有发展起来，以至于我们难以察觉到大脑的疲劳。**

由于察觉不到大脑的能量消耗情况，即使大脑已经非常疲劳了，我们仍会拼命地用脑。只有在大脑非常疲劳的时候，才会有“生命受到威胁”的感觉，并试图通过爆发负面情绪为自身行为踩刹车。然而问题是，负面情绪是一种能量消耗非常大的刹车行为。如果行为就此停止也就罢了，要是继续勉强自己，就会迅速进入抑郁状态。也就是说，抑郁状态是大脑被“强行关机”了。

| 大脑与身体，孰强孰弱 |

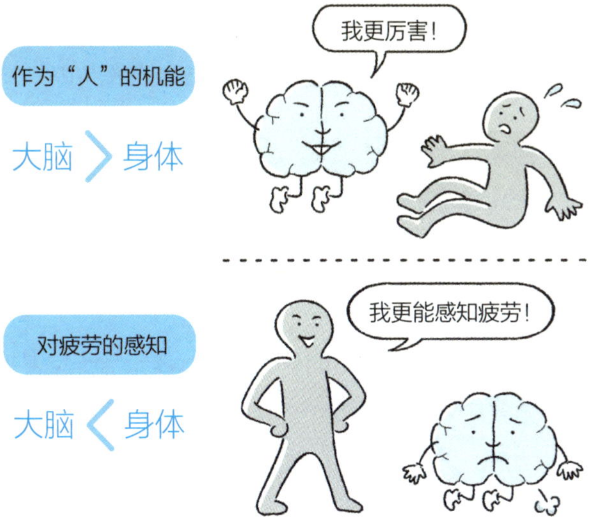

为什么压力总是在事后袭来

事后突然袭来的压力是怎么回事

我对“大脑比身体更累”这句话深有体会。周末和家人一起去爬山，确实会让身体疲惫不堪，但睡一觉就恢复得差不多了。可要是工作中跟客户沟通不畅，心情就会郁闷好几天。

“大脑的疲劳会导致压力”也很好理解。不过，埋头工作的时候，我们往往感知不到太多，等事情都忙完了，压力和疲劳才排山倒海般突然袭来，这又是为什么呢？

我决定问个清楚。

老师，为什么压力和疲劳总在事后突然袭来呢？

来我这儿咨询的人几乎都这么说。

但其实压力和疲劳早已经产生了……

可我总是忙完所有的事情之后，才一下子觉得特别疲劳。

这说明你对自己的体力还是比较自信的。

啊？是的，您怎么知道？

对体力有自信的人往往不容易察觉到身体层面的疲劳，从而会放任不管。

啊？为什么啊？

这跟我们体内的“痛苦聚焦机制”有关。

让人感觉不到疲劳的“痛苦聚焦机制”

如第1章所述，人体有“专注眼前”的倾向，而这也会让我们专注于“一种痛苦”。

“痛苦聚焦机制”让我们习惯专注于某一个主题

压力就是痛苦，而痛苦五花八门，形形色色。但我们往往察觉不到所有的痛苦。

因为当人专注于某件事的时候，其他事情就显得无足轻重了（详见第1章）。就是这种机制，使得我们只会关注种种痛苦中的一种。我一般称其为“痛苦聚焦机制”。

例如，同时产生“想喝水”“想吃东西”和“想去暖和的地方”这三种需求时，我们只会优先考虑并放大最性命攸关的需求，如果迫切地想喝水，就会集中精力找水喝，其他需求则会被削弱或搁置，不会积极设法去满足。

体力越好的人越要提防压力

痛苦聚焦机制是如何决定优先级的呢？
也是危及生命的优先级最高吗？

| “痛苦聚焦机制”的产生机制 |

危及生命的事情确实享有更高的优先级。但是在现代人的日常生活中，其实没有那么多威胁生命的危险因素。在这种情况下，痛苦聚焦机制会更侧重于“眼前的事物”和“不擅长的事物”。

而我们擅长的事物享受不到很高的优先级。反正这是你擅长的，就不用太费心思了——这就是这套机制的逻辑。

如果你不擅长处理人际关系，但对体力颇有自信，那么当痛苦聚焦机制被触发时，你就会优先处理人际关系方面的问题。而正因为你的体力还不错，所以即使非常疲惫，也不容易察觉到身体的疲劳。

现代人的压力主要来自疲劳。然而，痛苦聚焦机制给疲劳排的优先级往往很低。对体力比较自信的人尤其容易认定“我不会被这点小事累着”，因此错过了感知疲劳和压力的机会，更容易积攒压力，需要多加注意。

“痛苦聚焦机制”让人误会压力的源头

痛苦聚焦机制旨在帮助我们专注于当务之急，保住性命。不过这种机制有时也会搞错对象……

痛苦聚焦机制也会误启动

痛苦聚焦机制将我们的注意力集中在眼前的大事和不擅长的事物上。而这种机制很容易让人误会疲劳以及疲劳造成的痛苦的根源所在。特别是当这种机制作用于精神疲劳时，很容易归结出错误的原因。

这是因为痛苦聚焦机制会鞭策我们采取具体的行动。它以“所有的痛苦都必然存在原因”为前提，对原因穷追不舍。

然而，精神疲劳总是模糊不清的，通常以“莫名其妙的疲倦”这一形式出现。“不专注于一件事就浑身不痛快”的痛苦聚焦机制一旦作用于这种莫名其妙的疲劳感，人就会想方设法去锁定原因，好让疲惫变得不那么莫名其妙。

因此，人产生精神疲劳时，就会忍不住去寻找原因。明明是疲劳导致的问题，却误以为是领导的错，或是自主神经紊乱了。

还真是……我有时也会琢磨造成疲劳的原因，可就算找到了原因，情况也不会好转。

是这样的。

这种基于痛苦聚焦机制的应对并不能解决任何问题，反而会让我们为解决牛头不对马嘴的原因浪费精力。我们可以将这种状态形容为“痛苦聚焦机制的误启动”。

| 痛苦聚焦机制的误启动 |

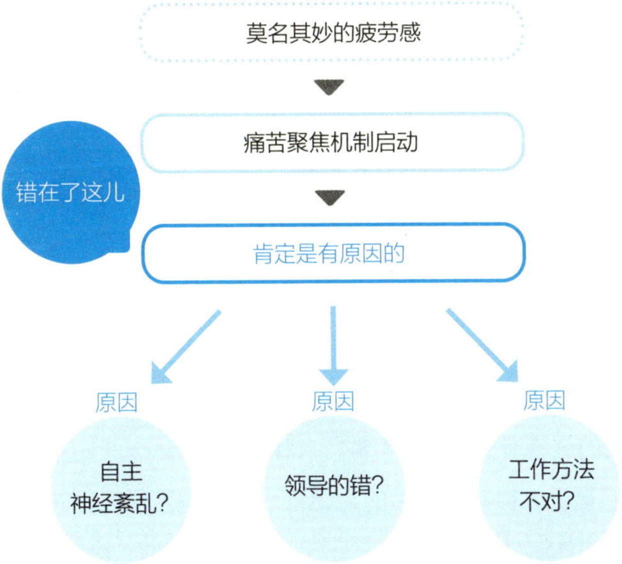

“痛苦聚焦机制”导致的自我折磨

一旦在痛苦聚焦机制的作用下锁定了错误的压力成因，就会积攒更多的压力，认定问题出在自己身上。

错误的“假想敌”

痛苦聚焦机制本该为保命服务，却反过来将我们折磨得苦不堪言，因为它设定了错误的假想敌。

基于痛苦聚焦机制锁定痛苦的原因，就像是为了逃避痛苦而刻意设置假想敌。正如我们在第1章中讨论过的那样，这是原始人传下来的机制之一，即通过设置“假想敌”促使自己采取行动。

可惜现代人设定的“假想敌”——攻击目标——往往大错特错。更糟糕的是，许多人将自己设成了攻击目标。他们认为痛苦是自己的过错造成的，从而进行自我伤害。

积累了大量精神疲劳的人更容易认定痛苦是自己的过错，因此需要格外注意。

错不在你

这听起来像是一种精神层面的自残行为。
可为什么会发生这种情况呢?

因为从某些角度看，自责更为轻松。好像一旦认定“这次的问题错在自己”，你就会觉得“下次注意点就行了”。

与其对未来提心吊胆，不如先把责任都揽到自己身上，将眼下的痛苦应付过去。

即便克服了眼前的焦虑，自责仍在心头挥之不去，自信也会长期受到打击。而自我印象的恶化会使我们更容易被压力左右。

| 自责的机制 |

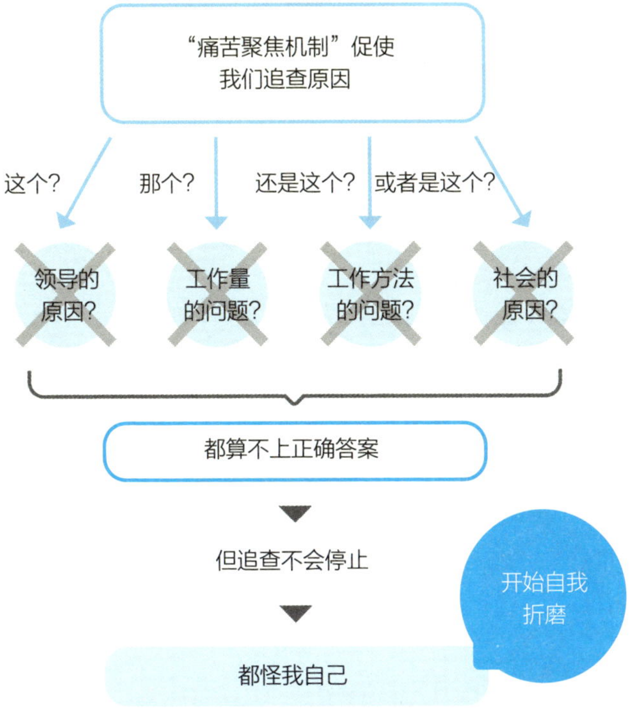

为什么明明很累，却不肯休息呢

“还有很多事情要做”难道是一厢情愿

自我伤害确实不可取，但我好像也是“惯犯”……

稍微出点问题，我就会觉得可能是自己不好。和老公吵架的时候，我会告诉自己“忍一忍就是了”，虽然当时把火气硬压了下去，但事后还是会大发雷霆……这都是常有的事。

出现这种情况，就说明我压力太大了，应该好好休息一下。可我还是会忍不住继续工作。明知道应该休息，为什么偏偏停不下来呢？

我应该不是特例吧？想必大家都是这样的吧？

老师，很多人都觉得压力很大，却不肯休息，这是为什么呢？

嗯……你觉得呢？

因为有很多工作和家务要做，抽不出时间休息，或者说是没办法休息……

嗯，确实是这样。
很多人都这么说，但这其实是一种执念。

执念？老师的意思是我跟抓着树不放的考拉一样，抓着工作和家务不放？

见我一脸疑惑，老师稍稍压低嗓门，好像要说悄悄话似的。

在压力小的状态下，你知道那些东西都是可以放手的。再要紧的工作、再重要的人际关系也不例外。

坚持和忍耐化作了执念

许多人会找这样或那样的借口让自己揪着造成压力的情况不放。让压力不断升级的也许正是这种执念。

认清执念背后的心态

压力的核心是疲劳。因此解压的第一步是走出疲劳状态。被工作累着了就请假。被人际关系累着了，就少参加一些社交活动。这一点非常重要。

可是哪有那么容易啊……
不上班岂不是要喝西北风了？

会这么想也是人之常情，但这也意味着你处于“执念”状态，受困于“哪怕咬紧牙关忍住压力，也得把日子过下去”的观念。

嘴上说“不好请假”，其实大部分人只要真的想休息，还是可以请到假的，只是找各种借口逼自己继续工作而已。这种现象背后往往隐藏着“请假了会被别人抢走饭碗”“不想关注工作以外的事情”等想法，逼得你死死抓住工作不放。

呃……还真是。
我也一直在找“不请假”的借口。

真的吗？但你也不必为有执念而自责。之所以会产生这种心态，是因为我们从小成长在视执念（比如坚持不懈）为美德的环境下。

执念源自焦虑

执念是负面情绪之一“焦虑”的产物。即便压力很大，只要咬紧牙关坚持工作，就能产生“被需要”的感觉。即使在人际关系中苦苦挣扎，只要和他人在一起，就会有安全感。就是这种心态使我们固守现状，却忽视了压力的来源——疲劳。

明明遭受着压力的折磨，却不想办法缓解造成压力的疲劳，还越发拼命工作，加重疲劳——现代人的重重压力，就源于这种恶性循环。

| “不能休息”的深层心态 |

这份执念真的有必要吗

坚持留在有压力的环境中，就会下意识地想要改变周围的人和环境。这是为什么呢？

执念催人转嫁责任

对工作的执念是阻挡我们走出疲劳的主要障碍。执念还会带来另一个问题：为了维持执念，你会下意识地想要改变“自己之外的事物”，让事态对自己更有利。

因工作产生了压力，主动离开这个环境就行了。可要是多了一层执念，我们就会希望周围的人和环境顺着自己的意愿改变，这样就能留在原地不动，而不至于产生压力。

| 执念造成的利己倾向 |

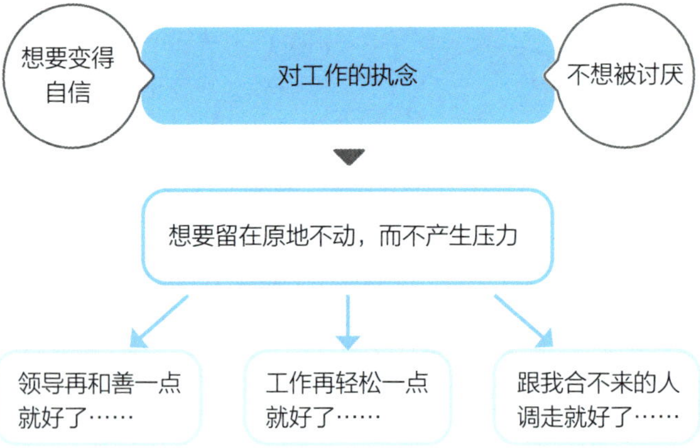

然而，改变他人与社会谈何容易。越是专注于自己无法改变的事物，就越是会疲惫不堪，进而丧失自信。

谁都不需要改变，你当然也不例外。当务之急是专心缓解疲劳，做好这一件事就足够了。

凡事都能放下

可是，要想摆脱执念，恐怕不是一件容易的事吧……
更何况还关乎生计，抓着工作不放也是在所难免的。

诚然，工作是维持生计的重要手段。拖家带口的朋友对这一点的感触就更深了。

但问题是，工作到底有没有重要到让你不惜放弃身心健康的地步呢？你必须紧紧抓住工作不放，甚至无暇喘息吗？

其实人生中没有多少放不下的事情。

比如工作，丢了这一份，那就再找一份。就算眼下这份工作带来的收入很高，可要是熬坏了身心，再多的收入又有什么意义呢？

人际关系也一样。没必要抓着那些给你带来压力的关系不放，跟处得来的人来往就可以了。看到这里，也许有人会嘟囔：“哪有这么容易啊……”殊不知这样的观念也是一种执念。

压力会不会造成无法挽回的恶果

“执念”与“死心”

“什么样的执念都不如自己的身心重要。”——我听出了老师的弦外之音，不禁挺直了身子。

这明明是理所当然的，但是在疲劳的状态下，人可能无法做出正确的决定。想想还挺可怕的……

这时，我忽然冒出了一个疑问，却又不太敢问出口。但想来想去，还是把心一横，开口问道——

明明很累，却因为执念而无法抽身，得不到休息……长期处于这种状态，到底会造成什么样的后果呢？

人会越来越烦躁，被说不清道不明的焦虑笼罩，身体出现各种问题，看自己越来越不顺眼。

那很糟糕啊……

是啊。久而久之，还会自暴自弃，觉得“随它去吧”。

“随它去吧”……
那不就是放弃了为缓解疲劳而休息？

是的。在这种状态下，压力会进一步升级，甚至让人对人生感到心灰意冷。

啊！我就知道严重了会变成这样……其实也隐约猜到了。

见我没精打采的，老师抱歉地说：“听着是怪难受的……”

不过你也不用担心，这都是压力搞的鬼，办法还是有的。
就算无法立刻扭转执念和死心的态度，
但休息一下还是可以的嘛。

“办法还是有的。”——这句话给我打了一剂强心针。

压力太大会让人“死心”

因压力而疲惫不堪，容易丧失信心，最终导致“死心”。

建议恐成“毒药”

在疲劳日积月累，压力带来的“莫名其妙的痛苦”持续存在的状态下，我们很难锁定具体的原因。针对痛苦聚焦机制认定的原因采取对策，往往也是徒劳无功。不仅如此，你还会对自己步步紧逼，断定自己太不中用了，最终丧失自信。

遇到这种情况时，能不能找亲朋好友聊一聊呢?

倾诉内心的痛苦固然好，但是请务必牢记，对方随口给出的建议有可能使压力进一步恶化。

比如，“别太当回事”这样的建议，会让缺乏自信的人觉得“是我自己太没用了，才会一直纠结这个问题”。

听到对方说“要不试试××”，倾诉者可能会觉得“我之前的努力都被否定了”。就算建议本身是中肯的，若是无法切实执行，倾诉者也会自责不已，认为都怪自己太不中用了。

在自信心不足的情况下，你得到的任何建议都无异于“你的活法有问题”这样的批评。长此以往，你会觉得自己得不到任何人的理解，没有人帮你说话，对人生的信心也会严重下降。

丧失自信将人推向“死心”

自信并不会轰然崩塌，而是受到疲劳、自我厌恶和旁人的反应等影响，随着时间的推移缓缓流逝，最终导致的结果便是心灰意冷。

心灰意冷就是“做什么都没有意义”的心态。其实当事人只是累了而已，休息好了就能恢复，可他们觉得休息也是徒劳，放弃了所有的希望。一旦产生这种对痛苦的无助感，久而久之，便很有可能产生“寻短见”的想法。

| “自信”缓缓流逝 |

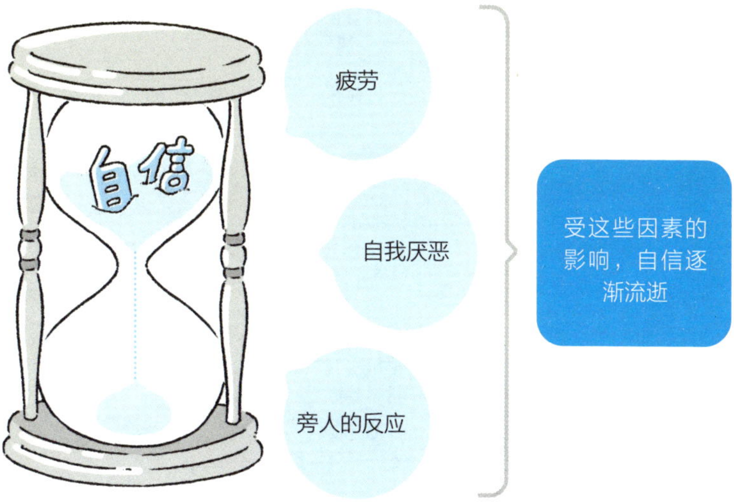

“死心”终将矛头指向“人生”

一旦陷入心灰意冷的状态，就很难靠自己恢复了。因此，压力必须尽早纾解，以免事态失控。

“死心”带来的无尽痛楚

接下来要讨论的话题就比较沉重了。如果你正处于重压的折磨之下，不妨跳过这部分。

对人生感到心灰意冷并不会立刻跟“不想活”画上等号。

| 压力升级的过程 |

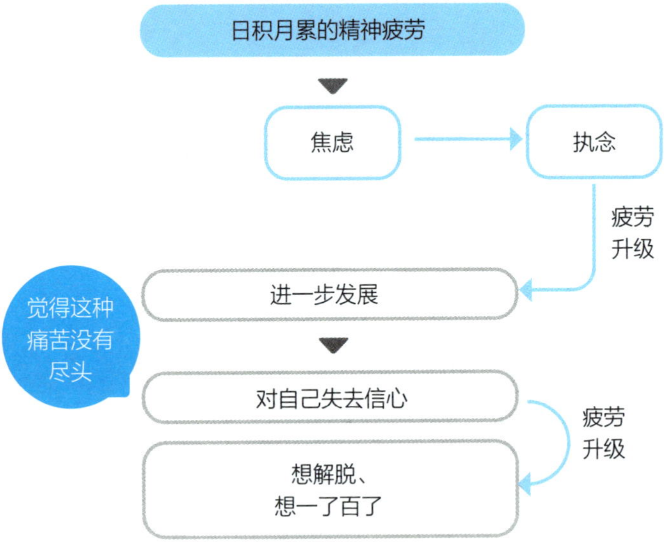

刚觉得心灰意冷的时候，不过是放弃打破现状，不再努力而已。人不会从这种状态一下子跳到想要结束生命，中间还要经历好几个阶段。

压力不断发展、升级后，当事人会产生“这种痛苦永远都没有尽头”的感觉。

当事人还会哀叹没人能理解这种痛苦，产生“想要结束这一切”的念头。有些人将这种状态描述为“活着没意思”。

但与此同时，当事人也会为产生这样的想法而自责。这种自我厌恶的循环会进一步降低自信，放大焦虑，使精神疲劳上升到极限。

这种状态更类似于身体上的痛苦，而不是精神上的痛苦。事实上，当事人甚至有可能产生实实在在的疼痛。这种极端的痛苦是如此令人难以忍受，逼得当事人产生了“想要结束一切”的念头。

原来如此……
确实很难受。其实我也体验过这种感觉。

我之所以把当事人的痛苦描述出来，是想告诉大家，即使你产生了强烈的“求死”之心，也要经历若干个阶段，中间存在一定的缓冲时间。切记，无论你此刻处于哪个阶段，只要进行正确的疏导，都能及时刹车，走向康复，拥有轻松、快乐的人生。

压力大不是你的错

感到压力很大的时候，当务之急是“停止寻找罪魁祸首”。不要责怪自己或他人，专心休养才是关键。

压力问题不存在“罪魁祸首”

正如之前分析的那样，与压力有关的因素错综复杂，逐一清除绝非易事。

是啊，听得我都觉得压力似乎没法轻易纾解……

没错，所以我才在这一章里反复强调“压力是非常复杂的”。我还想告诉大家，压力大不是任何人的错。

压力大不是你的错，也不是任何人、任何事物的错。压力大确实让人痛苦难熬。但是请大家不要再把责任归咎于某个人或某件事了，也不要绞尽脑汁去找“罪魁祸首”。因为这么做只会让压力变本加厉。

休息是解压的唯一正道

本应为“保全性命”而服务的机制发生了误启动，于是便有了压力，仅此而已。

尽管压力的形成与升级存在复杂的机制，但整个过程与疲劳密切相关。因此只要设法摆脱疲劳，就能掐断压力的恶性循环。只要能冷静下来，就更容易放下执念，离开产生压力的环境。

解压的关键绝非自责，亦非拼命想办法解决问题，而是缓解疲劳，外加脱离产生压力的环境。这才是解压的唯一正道。

| 压力大不是任何人的错 |

催生压力的身心机制

本章小结

- □ 压力是“负面情绪型痛苦”和“能量型痛苦”的复合体。
- □ 调动情绪比调动身体更累人。
- □ 在疲劳、丧失自信时，“愤怒”“焦虑”等负面情绪更容易升级。
- □ “痛苦聚焦机制”容易让我们误判压力的源头。
- □ 执念让人难以走出受压状态。
- □ 压力大会造成“死心”，甚至让人放弃人生。
- □ 别忙着找原因，最好专注于消除疲劳，离开产生压力的环境。

确实如您所说，了解了压力的形成机制，自然就知道该怎么解压了。

很好，看来你已经明白了。解压的关键在于好好休息，不要责怪任何人。

第 4 章

掌握正确的解压方法

解压的方法不对，
就会弄巧成拙。
我们的目标是走出受压状态，
而非彻底清除压力。
摆正心态，才能正确解压。

咨询者

铃木彩香（34 岁）　田中勇太（45 岁）

通过上一次咨询，铃木觉得心里轻松了不少。这一次，她带来了顶头上司田中课长。田中嘴上说着“我没什么压力”，却表现出了种种压力症状……

如何把握自己的压力水平

“要不要一起学习如何解压”

一星期前，我向领导田中课长如此提议。

找下园老师咨询过后，我对压力管理产生了浓厚的兴趣，将继续学习，我还想带上课长一起去，简直一举两得。因为课长平时暴躁易怒，动不动就拿我们这些下属撒气……我们都希望他能改一改。

压力管理？那是什么？

课长不感兴趣不说，明显还动了怒……吓、吓死人啦！可我要是就此退缩，课长那一点就炸的毛病就改不了了！

于是那天下班后，我硬是把课长拽去了下园老师的咨询室。

老师见到我们，跟往常一样露出温和的笑容。

两位今天是一起来学习压力管理的吗？

是的！麻烦您了！

我兴高采烈地回答，课长却是一脸不悦。

呃……我是觉得自己没必要学这个。

课长的言外之意就是自己没什么压力。老师却不以为然，微笑着继续说道——

是吗？不过就算您自己用不上，也可以学两招备着，说不定还能帮助您提高领导水平呢。

也是啊。

那就请二位先了解一下自身的压力水平吧。

客观评估自己的压力水平

在管理压力之前，需要先了解清楚“自己在哪些方面产生了多大的压力”。评估时要尽可能诚实，关键在于承认痛苦的存在。

纾解压力不需要“拼命”

本章的重点是如何纾解压力。

每个人都有过为压力所苦的经历。也许此时此刻，你就在压力的笼罩之下。遇到这种情况时，大家为了逃避痛苦，总是会拼命尝试各种办法。

首先，请大家忘记“拼命”这两个字。

纾解压力不需要“拼命”，关键在于准确把握自身情况。

我确实也有过比较艰难的时期，但没人比我更了解自己。

照理说，最了解自身情况的肯定是我们自己。然而，我们做出的现状评估通常不是客观的，“自以为是”的成分更多一些。明明累得够呛，却只根据在头脑中构建的理想印象评估自己，认为“我应该还撑得住”“这点小事应该不在话下”。

在不自责的前提下认识到压力的存在

在亲子运动会上，经常可以看到爸爸们在赛跑时摔倒。他们自以为“这点小事难不倒我”，殊不知身体已经不听使唤了。我说的就是这种情况。

为了准确了解自己的压力状况，请大家再次通读第1章和第3章。压力是人体的自保机制。身心健康受到威胁的时候，这套机制就会发出各种信号加以提醒，帮助你恢复。因此，压力大决不是没能力、没毅力或不努力的结果。

只要能够正确接收压力机制发出的信号（迹象），根据自身情况进行正确的调整、纾解，就一定可以走出阴霾。

| 你真的了解自己吗 |

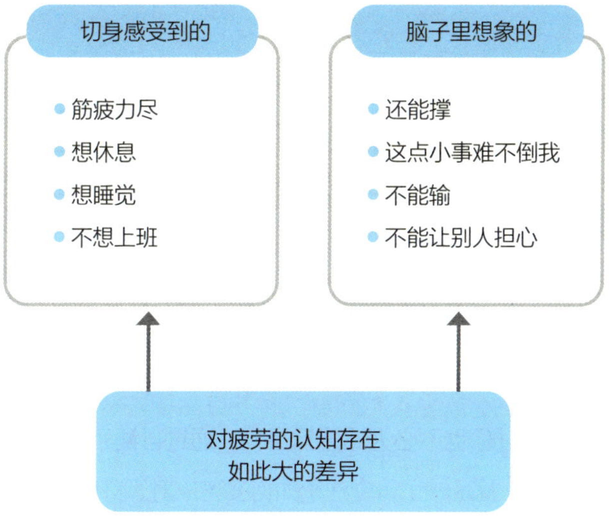

梳理具体的压力症状

压力都有哪些具体症状？请对照下一页的列表，看看自己有哪几项是符合的。

超过5种症状就需要高度警觉

下园老师，有没有一种标准，可以帮助我们判断压力水平呢？

要想充分把握自身的压力水平，最好的方法莫过于客观审视自己的现状。请大家先对照下一页的症状列表，做一个简单的自测。

如果出现的症状超过5种，就说明你很有可能已经处于疲劳状态，感受到了很大的压力。症状越多，压力越大。

大家赶紧测一测吧。

呃……对上的症状还挺多……

是吗？不过你也不必为此感到沮丧。通过自测了解到“自己很累、压力很大”就足够了，专注于如何妥善应对、纾解压力即可。

典型的压力症状

睡眠	☑	☐	失眠
	☐	☐	入睡困难
	☑	☐	半夜醒来
饮食	☐	☐	食欲不振
	☑	☐	容易暴饮暴食
	☐	☐	体重大幅增减
烦恼	☐	☐	脑海中有挥之不去的烦恼
沟通	☐	☐	害怕与人交谈
	☑	☐	难以理解对方的意思
烟酒	☑	☐	吸烟量增加
	☐	☐	不喝酒就睡不着
	☑	☐	醉酒的症状比以前更严重了
	☐	☐	酒量大不如前
兴趣	☑	☐	对以前很喜欢的事情没了兴趣
	☐	☐	做开心的事情也笑不出来
愤怒	☑	☐	容易因为鸡毛蒜皮的小事暴怒
哭泣	☐	☐	变得特别容易掉眼泪
工作	☐	☐	无法完成简单的工作
疲劳	☑	☐	持续产生强烈的倦怠感
性生活	☐	☐	次数减少
	☑	☐	失去兴趣
身体不适	☑	☐	身体多处不适
	☐	☐	有头痛、麻木、严重的肩颈酸痛、恶心、耳鸣、头晕等症状
早晨	☑	☐	早晨起床后总是不太舒服，或没有吃早餐的欲望
感觉	☐	☐	味觉、听觉、触觉等感觉异常
流言蜚语	☐	☐	总觉得别人在背后说自己的坏话
金钱	☐	☐	花钱更大手大脚了（比如开始赌博）
	☑	☐	满脑子都想着钱和债务
健康意识	☑	☐	不再关心自己的健康状态了
仪容仪表	☐	☐	不化妆打扮，不再注重自己的仪容仪表了

*上表中已经打钩的是田中课长的症状。请大家根据自身情况进行自我评估。

压力的 3 个阶段

压力会逐步升级。如果第2阶段持续时间长，且未得到及时纾解，就会发展到第3阶段。

压力升级的3个阶段

负面情绪型痛苦往往不会持续太久，但能量型痛苦（疲劳）需要相当长的恢复时间。如果在此期间又接二连三碰上烦心事，疲劳状态就会不断升级。

日积月累的疲劳一旦恶化，遇事时产生的负面情绪型痛苦也会加剧。我将这一系列的变化过程称为“压力（累积性疲劳）的3个阶段”。

| 压力（累积性疲劳）的3个阶段 |

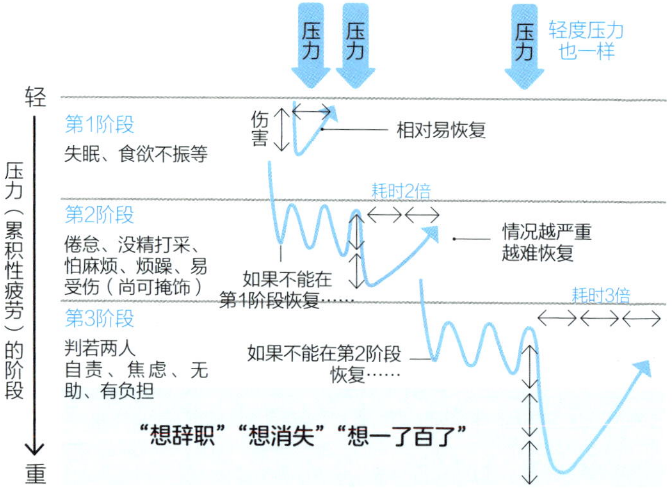

3个阶段的具体解析

第1阶段是正常的健康状态。即便碰到了不顺心的事，只要不太严重，也只会略感震惊和疲惫，睡一觉就好了。

但造成压力的事件若是接连发生，精神负担迟迟得不到缓解，能量就会被严重消耗，导致疲劳升级到第2阶段。

面对同样的不顺心，处于第2阶段的人会受到2倍的打击，恢复起来也需要2倍的时间。许多人会在这一阶段产生不适感，觉得“好累”“好吃力”，却自以为没事，无视种种信号，反而加倍努力。

继续置身于造成压力的环境，就会进入第3阶段。此时对痛苦的敏感度是正常状态的3倍，易疲劳程度也是正常状态的3倍。这就是所谓的抑郁状态，通常需要几个月的时间才能恢复。

几、几个月？！那我现在算哪个阶段啊？

你还能正常上班，目前应该还处于第2阶段。现在开始用正确的方法纾解，就不至于升级到第3阶段。

还是有应对办法的，对吧？那具体该怎么做呢？

接下来，就让我们一起来学习一下最有效的解压方法吧。

休养是最有效的解压方法吗

真的没法休息吗

身旁的田中课长一脸郁闷，大概是被自测表的结果打击到了。

真没想到，我居然积攒了这么多压力……

老师见课长一人在喃喃自语，点头说道——

这正是第2阶段的可怕之处。
当事人还挺精神的，可以正常工作和生活，所以不容易察觉到。

听到这儿，课长长叹一声，低声问道——

您刚才说压力有3个发展阶段，那每个阶段的解压方法是不是也不一样呢？

是的，适用于每个阶段的方法都不一样。
第1阶段可以通过散心来解压。
而对于第2阶段和第3阶段的人来说，最好的解压方法就是休养。

休养？就是休息的意思吗？

对。
最好的方法就是远离刺激，比如工作与人际关系，让自己充分休息。

哎呀，这哪儿行啊！
哪能说休息就休息啊！

课长像个孩子一样，把头摇成了拨浪鼓。老师却微笑着问：“真的是这样吗？”

你是真的休息不了吗？
还是你从内心不想休息呢？
“休息不了”和“不想休息”可是有很大区别的。

解压的基本原则是“早发现、早干预”

有些人不愿承认自己处于压力之下。但尽早认识到压力的存在并尽早纾解尤为关键。

越早发现压力的苗头越好

近年来，医学取得了飞跃性的发展。随着新药物和新疗法的出现，人类攻克了许多曾经的不治之症。

不过，什么病都讲究一个“早发现、早治疗”。越早发现，越早干预，就越容易治愈。

这个道理同样适用于压力。我们甚至可以说，“早发现、早干预”是有效纾解压力的关键所在。

压力还处于第1阶段的人很快便能恢复如初。可到了第2阶段或第3阶段，情况就比较严重了，恢复起来也更加费时。

可是，很少有人会在压力还比较轻微的时候进行干预吧？这是为什么呢？

原因当然是多方面的，不过主要原因还是大家会下意识地认为第2阶段的压力“没什么大不了的”。

而且亚洲人普遍坚信“精神上的一点痛苦，咬咬牙忍一下就过去了”，因此总是认为轻微的压力就该忍着，不能被这么点压力打垮。

我就是这么想的，觉得再累也要咬牙克服……

果然如此……不过每个人都无法绕开疲劳和压力，承认它们的存在并不是什么坏事，而且越早承认，恢复得越快。请大家牢记，承认压力的存在有百利而无一害。

| 早发现、早干预的必要性 |

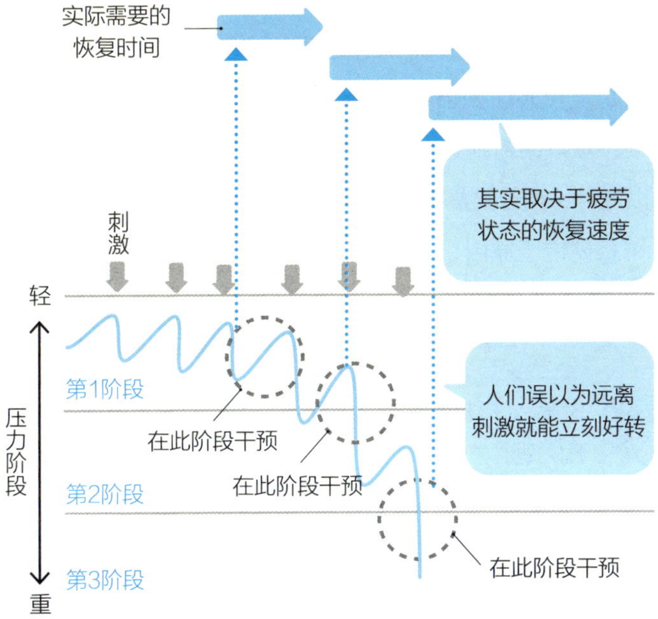

干预的时机越晚，恢复所需的时间就会大幅增加

解压的第一步是远离刺激

刺激是疲劳的原因，更是压力形成的基础。解压的第一步就是远离刺激。

压力的原因是个谜

接下来，就让我们来聊一聊具体的解压方法吧。

首先，请大家牢记解压的大原则：远离刺激。

产生压力（负面情绪），本就是为了促使我们远离痛苦的刺激。在很多情况下，远离刺激能显著降低压力水平。

只是现代人往往跟田中课长一样，受到各种限制和自身信念的影响，难以果断地远离痛苦的刺激。即使当事人努力寻找原因并加以应对，痛苦聚焦机制也有可能误判。

一旦搞错了原因，那再怎么采取措施，终究还是无法远离刺激，压力只会不减反增。

可是，不搞清楚原因就无法正确面对，也无法有效处理压力啊！

其实，搞不清楚压力的原因才是常态，也根本没必要纠结压力的来源或本质，比如纠结于“原因到底是什么呢”“是因为我的性格太软弱了吗”等问题。

就算找到了看似最主要的原因，它也不是唯一的，因为疲劳的日积月累永远都是多种刺激综合作用的结果。

远离刺激

如果你知道是某种刺激让自己明显感到了压力，那就先试着远离它。如果不清楚刺激在哪里，就暂时和生活中占有较大比重的活动保持距离。

有工作的人远离工作，社交活动频繁的人就少跟人打交道。就像关闭一直开着的电视机那样，暂停这类活动。

顺便一提，执念意识较强的人可能会这么想："只要我忍一阵子，也许环境就会改变了。"进而选择不远离刺激。然而，外物顺着自己的心意改变的可能性几乎为零，还是要主动远离刺激。

| 主动远离刺激 |

休养是万能的解压方法

休养是最有效的解压方法。为了帮助受伤的身心恢复正常，好好休息非常关键。

仅仅远离刺激还不够

远离刺激并不是解压的终点，因为我们还需要让受伤的身心慢慢恢复，而这离不开充足的休养。

总之，就是让身体和心灵得到充分的休息。我们完全可以说，休养是最有效的解压方法。

可我感觉只要远离刺激就差不多了……

轻度的压力，就是我们之前说的第1阶段的日常压力，确实只要远离刺激就能恢复过来。但压力一旦积累到第2阶段或第3阶段，单靠这招就不行了。

人被烫伤以后，皮肤会产生炎症和疼痛感，单单远离热源无济于事，恢复需要适当的治疗和时间。压力也是如此，单单远离刺激，被蚕食的身心也无法轻易愈合，需要对疲惫状态本身采取一定的措施。

| 休养是身心的“充电期” |

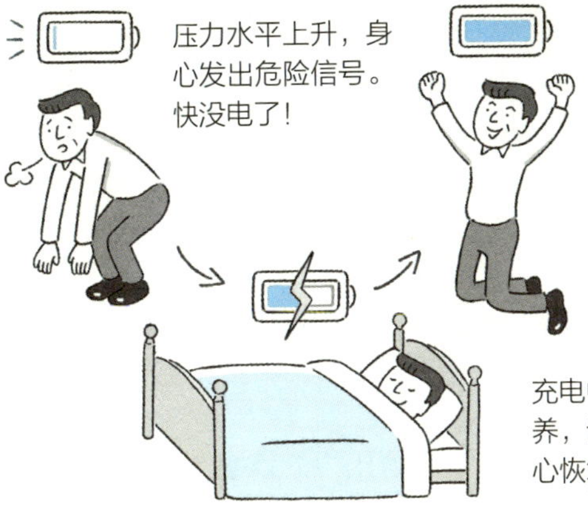

认识到问题的严重性

现代人的压力和压力的恶化总是与疲劳密不可分，因此，休养是最切实可行的解压方法。如果你处于压力的第2阶段，几天或几周的休息往往就足够了。可要是发展到了第3阶段，至少得休息几个月，甚至几年。

可是因为压力大请假，总觉得说不过去啊……

很多人都有这种心态。但根据我的经验，这恐怕是因为他们低估了压力带来的影响。

因为压力导致的疾病而失去生命、被压力逼得走上绝路的人比比皆是。

一定要在情况彻底恶化之前认真对待、好好休息。

改善生活环境，有助于缓解精神疲劳

休养离不开良好的环境。在干净舒适的环境中用餐、睡觉有助于缓解焦虑。

生活环境会影响人的精神状态

改善生活环境也有助于缓解压力。饮食、睡眠以及保持周围环境的清洁可以有效缓解精神疲劳。

真的吗？
生活环境竟然有这么大的影响力？

以消防员为例，在前线作战的消防员生活在高度紧张的状态下，容易导致严重的精神疲劳。不难想象，他们会迅速发展到压力的第2阶段。而防止他们恶化到第3阶段的最有效方法就是放假。

在没有灾情的时候有一处专门的休息站，为他们提供干净的床铺、热气腾腾而富有营养的餐食。消防员可以在休息站淋浴、泡澡，厕所也很干净，不愁没有干净的衣服换。在这样一个地方休息几天，就能显著改善他们的精神状态。

在有安全感的空间享用爱吃的美食

对大脑而言，暴露在压力之下与置身战场并无不同。大脑时刻都能感觉到性命之忧。为了走出这种状态，我们必须在休养的同时改善生活环境。当然，我们不需要把家里搞得跟酒店那样奢华，关键是要有安全感。只要能在安静祥和的空间安心用餐，安心睡觉，尽情享受阅读等不需要剧烈活动的爱好，那就足够了。

饮食固然重要，但休养期间不需要太在意营养或饮食规律，吃便利店卖的方便食品就可以。如果你的身体渴望甜食，那就补充点糖分吧，不必太担心发胖的问题。另外，别忘了补充水分，别光喝咖啡、茶等含有咖啡因的饮料，每天尽量喝足2升水。

| 不吃饭会助长负面情绪 |

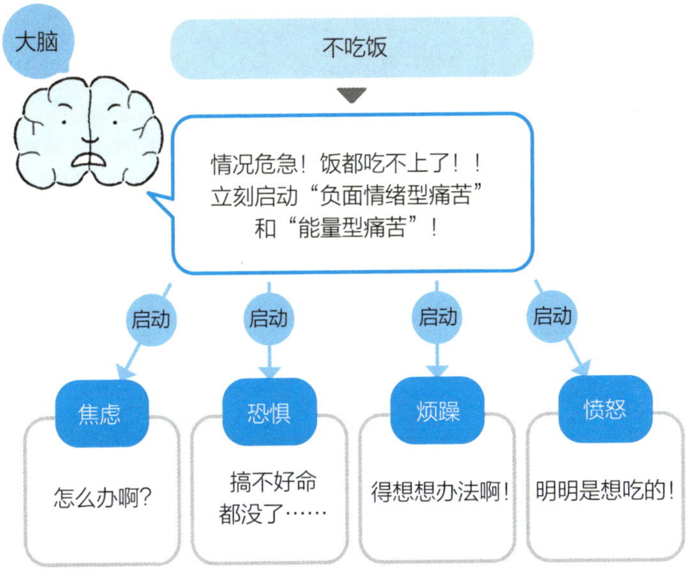

“慵懒度日”可以解压吗

别顾忌家人的看法！休息就是治疗

远离压力，充分休息，改善生活环境。这3条就是解压的基本方法啊？听起来好像挺简单的……

这时，田中课长也点头说道：“好像是挺简单的——”

可这3条都是说起来容易，做起来难啊。

哦？为什么这么说呢？

我要是窝在家里休息，家里人肯定会数落我“就知道偷懒”。

这倒是。看到老公在家里躺着，我大概也会火冒三丈，心想：“我都忙成这样了……”而休息的如果是我，老公肯定也会看不顺眼的。

但我还是希望大家可以好好休息，安心“躺平”。

老师仿佛看透了我的心思，开口说道——

无论别人说什么、怎么指责你，都不必觉得内疚。
就当休养是在给自己“充电”。手机没电了，不也得赶紧充电吗？

充电啊……我好像明白您的意思了。
不过您让我休息，我也不知道该干什么啊……

是啊。休息的时候到底该干什么呢？

什么都不用干，慵懒度日就对了。

说到这儿，老师仿佛想起了什么，补充道：“啊，不过有一件事是必须要做的——”

那就是睡觉。

睡、睡觉？！

我和课长不约而同地齐声惊呼。

“慵懒度日”能帮助你走出受压状态

“慵懒度日”竟是解压的关键？其实不“躺平”就无法走出压力。

吃了睡，睡了吃

说实话，你让我休息，我其实都不知道该怎么休息……

置身于痛苦的状态时，人们会下意识地想办法去应对。这是一种“加法思维”。但在疲劳不堪的状态下，我们更需要做减法，就是什么都不做。不做任何会产生价值的事情，不做任何积极的事情。要想让身体和大脑得到充分的休息，唯一的方法就是慵懒度日。过它个三天“吃了睡，睡了吃”的日子，最好是一个星期。

可这么过日子会有负罪感的……
而且天天吃了睡，睡了吃，很容易变胖啊……

班也不上，天天在家“躺平”——这种状态确实很容易让人产生负罪感。正所谓“不劳者不得食”，勤劳的东方人很难放纵自己什么都不干。而与之相对的，西方人向来有度假的习惯，而且有些西方国家的人一休息就是好几个月。一位在国际机构工作的朋友告诉我："外国同事度完假回来简直判若两人，工作劲头不要太足哦！也许我们也需要时不时地度个假。"

也许还有人会这么想："天天在家里躺着不就是在逃避问题吗？"

休养期间，问题只会在脑海中打转，确实不会有任何进展。可是头脑都累得罢工了，在这种状态下绝对想不出什么好创意。休养就是充电。把休养当成重启大脑，使之进入正常工作状态的必经程序吧。

休息并不是逃避问题，而是以最佳的方式迅速处理问题的"助跑期"。

| 效仿树懒，慵懒度日 |

睡够 8 小时！断断续续也无妨

有科学家认为，睡眠是缓解大脑疲劳的唯一途径。多年的经验告诉我，睡眠确实能够有效消除疲劳。

睡眠的时长比质量更重要

休养期间的头等大事就是睡觉。

我们的身心都能在睡眠期间得到休息。此外，躺下还可以促进血液循环，让营养被输送到身体的各个角落。换句话说，睡眠既是休息，又是良药。

休养期间一定要保证充足的睡眠，至少睡够8小时。不一定要一次性睡足8小时，把午睡、打盹的时间也算进去，加起来超过8小时即可。

睡眠是“良药”

睡眠期间发生的事

- 缓解身心疲劳
- 分泌生长激素
- 增强免疫力
- 巩固记忆
- 梳理思路

……

可是睡了午觉，晚上还睡得着吗？

休养期间不必纠结这个问题。想睡就睡，随意一点。

近年来，很多人特别讲究睡眠质量。“快速眼动睡眠和非快速眼动睡眠要穿插有序”“醒了就最好不要再睡了”……想必大家经常听到这样的说法。但是在休养期间，请大家统统忽略，尽可能多睡。睡第二觉、第三觉甚至第四觉都没关系。这都是为了给自己“充电”。

实在睡不着的时候，尝试助眠药物

压力大的时候特别不容易睡着。
遇到这种情况该怎么办呢？

只有在意识处于放松状态的时候，人才有可能睡着。要是满脑子都想着“非睡着不可”，意识就会被激活，反而更难入睡。

遇到这种情况时，千万不要勉强自己，困了再睡就好。只是躺着，也能让身体得到休息。躺困了再睡也完全没有问题。

实在睡不着的朋友不妨尝试助眠药物。可以去医院的精神科，或者专门的失眠门诊，遵医嘱服药即可。

搁置烦恼，直到状态好转

烦恼若在休养期间涌上心头，记得暂时搁置，等状态好转了再说。一旦掌握正确的解压方法，很多烦恼就不再是烦恼了。

现在的烦恼是压力的化身

休养期间，也许会有各种烦恼涌上心头。毕竟时间更宽裕了，烦恼很容易在脑海中挥之不去。

还真是，人一闲下来，就容易胡思乱想……

遇到这种情况时，一定要冷静地审视烦恼，扪心自问：状态好的时候，这种事至于让我烦心吗？

假设你的烦恼是“都怪我没做好那项工作，事情才会变成这样”。如果你状态不错，精力充沛，可能只会提醒自己“下次注意点”，不会一直放在心上，挥之不去。

如果能像这样把思路打开，后面的事情就好办了。请大家运用这份理性，暂时把问题束之高阁，不要多想。

你对问题的看法肯定会随着压力水平的改善而改变。换句话说，等你把状态调整好了，也许烦恼就不再是烦恼了。

搁置烦恼

老师，烦恼是不是“痛苦聚焦机制”搞的鬼啊？

没错。痛苦聚焦机制一旦启动，你就会专注于那个烦恼，认定“这个问题不解决，我的痛苦就不会结束”。

这很容易导致急躁的加法思维，让人总想着“必须做点什么来解决这个问题”，从而加重能量的消耗，但从结果上来看，往往是徒劳无功的，只会导致自信心进一步下降，陷入恶性循环。

当务之急是恢复体力，而不是解决问题。因此要暂时搁置烦恼，等状态恢复了再说。

大胆一些，把问题留给未来的自己吧！未来的你已经养足了精神，还怕解决不了问题吗？

| 休养期间，将烦恼束之高阁 |

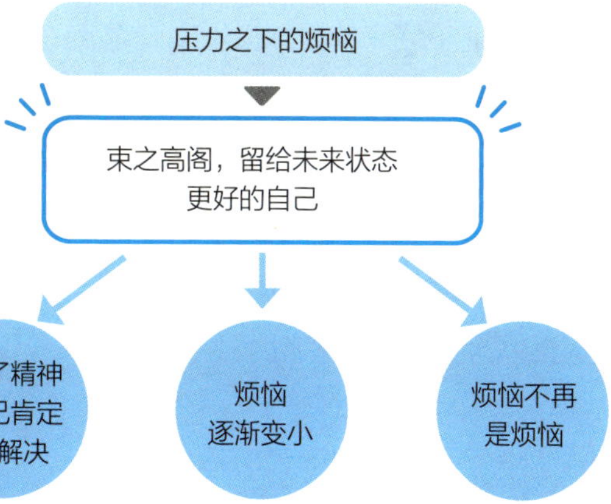

解压后状态不会直线恢复

对正处于第3阶段的人来说，休养的效果也不是立竿见影的，他们的状态会在波动中缓慢恢复。

耐心等待恢复

再聊聊压力比较大的人，也就是达到了第2或第3阶段的人要如何恢复吧。了解一些相关知识，还能有助于修复崩溃的身心状态，调整好心态，重返工作岗位，回归正常生活。充分的休息可以缓解疲劳，帮助我们走出压力重重的状态，但完全恢复到以前的状态绝非易事。

啊？不是解压后就能立即回去上班啊？

休养确实有助于恢复精力，但当事人需要一些时间恢复到以前的状态。而且状态是不会直线恢复的。昨天感觉还不错，今天突然开始走下坡路，过了几天又精神了……这是常有的事。

下一页的图表体现了状态的回升轨迹。在恢复期间，每隔三四天或几周，状态都会出现波动。好转了一阵子又急转直下，难免会让人误以为状态又恶化了。

| 状态的恢复过程 |

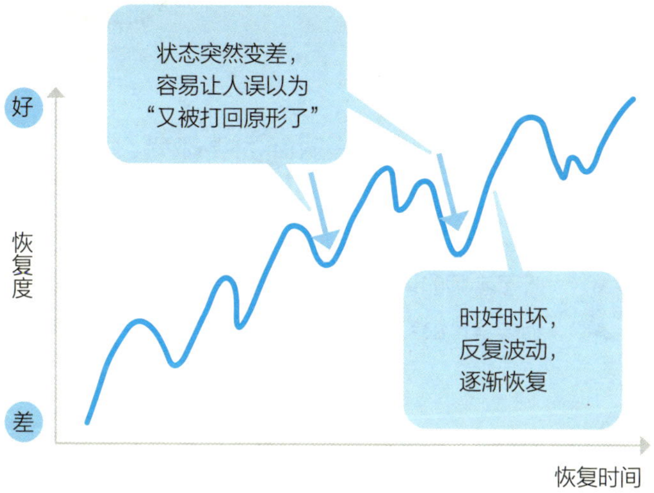

原来如此……总的来说是稳中向好的，只是状态好的时候和状态差的时候相差较大，容易误以为自己又被打回原形了呢。

没错。一味关注“状态差的时候”会激起恐惧心理（负面情绪），不免担心“又要过那种压力重重的日子了”。这反而可能导致压力再次升级。

初春时节的天气总是“三寒四暖”。冷三天，暖四天……反复来上几轮，便能迎来温暖和煦的季节。

解压的恢复期也是如此。大家一定要耐心休养，坚信经过一系列的起伏，一定能找回原来的自己。

适合在休养期间尝试的兴趣爱好

有没有适合消磨时间的兴趣爱好

听了老师的讲解，我越来越觉得自己只是陷入了“必须保持忙碌”的思维怪圈。

我也是，总觉得“休息就等于认输”，把自己当成了金枪鱼，不拼命游就会一命呜呼。

课长一边说着一边难为情地笑了。我忍不住转头看他——

原来课长笑起来这么和善啊。他平时在公司里总是一副很暴躁的样子，我还以为他是那种不太好相处的人呢……

我目不转睛地盯着，课长却毫不在意，很是起劲地跟老师提问。

休养期间肯定很闲吧？
是不是得开发几个兴趣爱好打发时间啊？

嗯，最好选那种可以一个人埋头干的事情。
比如下厨啊，园艺啊……

下厨啊……倒是可以。

那旅游和运动呢？
我办了健身房的卡，可以继续去锻炼吗？

不太剧烈的运动是没问题的。
很疲劳的时候，最好避免剧烈运动，也不要出门旅游。

啊？为什么啊？

因为休养是为了给我们“充电”呀，不做消耗能量的事是休养的前提。

休养期间，尝试能独自进行、成就感强的爱好

休养期间不妨尝试一些“一个人埋头干”的爱好。不过要尽量避免会造成身心疲劳、产生负罪感的事情。

兴趣爱好带来的成就感有助于重建自信

休养（充电）期间有的是时间，却不知该干什么才好——很多人都有这样的疑惑。发呆时容易胡思乱想，反而加重疲劳。遇到这种情况时，不妨找一个能在一定程度上集中注意力，而且本身又不会消耗太多能量的兴趣爱好，免得去想烦心事。

需要跟他人合作的爱好难免要互相迁就，比较累人，先尝试可以独自完成的爱好更保险。烹饪和园艺都是不错的选择。烹饪的门槛低，只要凑齐材料，在家自己也能尝试，关键是还能看到实实在在的成品，从中获得成就感，要是再有人夸上一句“真好吃”，就更有助于重建自信，不仅饱了口福，还能滋养心灵，是非常值得一试的兴趣爱好。

园艺比烹饪更费时，但成果同样显而易见，也是不错的尝试。听到别人夸你家的花园真美，便能在重建自信的道路上迈出一大步。

玩适合自己的游戏

其实玩游戏也很适合正在休养的朋友。游戏的好处在于每个

| 休养期间尝试可以独自完成的兴趣爱好 |

适合充电期的爱好

- 能独自完成
- 需要集中注意力
- 能带来成就感

人都可以选择最适合自己的。市面上的游戏种类繁多，有考验反应能力的，也有养成类的。只要选择契合自身个性和生活方式的游戏，就不怕享受不到乐趣。

有些人害怕玩游戏，怕自己过度沉迷。但一定程度的沉迷能帮助我们忘记烦心事，总的来说还能减少能量消耗呢，大家不妨试一试！

说起游戏，“氪金”就是绕不过去的话题，或者说是“问题”……
您对“氪金”是什么态度呢？

我觉得“氪金”本身没有什么问题，只要金额适度，控制在自己的收入范围内就行。

但你要是对“氪金”这种行为抱有负罪感，觉得“这是在耍赖”，或者“在这种东西上花钱太浪费了”，那还是不“氪”为好，要么就提前设定好额度，避免花费太多，产生负罪感。

牢记“运动更适合在压力不大的时候进行”

运动是一种消耗能量的行为。状态好时运动一下自然无妨，因压力大而感到疲惫不堪的时候还是尽可能避免为好。

运动是一种消耗能量的行为

精力充沛的时候，登山、跑步等都是非常好的兴趣爱好。活动筋骨能让人神清气爽，而且有益身体健康。稍微有点压力也不要紧，只要还处于第1阶段，运动就是行之有效的解压方法。

我都到第2阶段了，还可以继续打网球吗？
有球打就不会闲着无聊了……

如果压力已经发展到了第2阶段甚至第3阶段，那最好避免剧烈运动。网球是运动量较大的一项运动，还是停一阵子比较稳妥。

因为运动会使我们疲劳。毕竟运动是一种会消耗能量的行为。这是在“放电”，而不是“充电”。

压力发展到第2阶段或第3阶段时，人的身心都是非常疲惫的，同样的行为带来的疲劳也会升级到正常状态下的2～3倍。在这种情况下运动只会徒增疲劳，搞不好还会导致压力水平飙升。铃木女士提到的旅游也是一样。

压力大时不妨散散步

可我还是想尽量动一动的……
什么运动比较合适呢?

休养期间不妨选择一些可以独自完成又不会太累人的运动，比如散步、瑜伽等。

我最推荐的就是散步了。毕竟散步的门槛很低，走出家门就行。在散步的过程中，我们可以感受拂面的微风，欣赏户外的风景，发现花开得多么漂亮，还有季节更替带来的种种变化。这些都有助于激发正面情绪，提升幸福感。

不过请大家记住一条大原则：散步这样的轻度运动也要控制在自己力所能及的范围内。运动量务必适度，免得给身体造成太大的负担。

| 运动会消耗能量 |

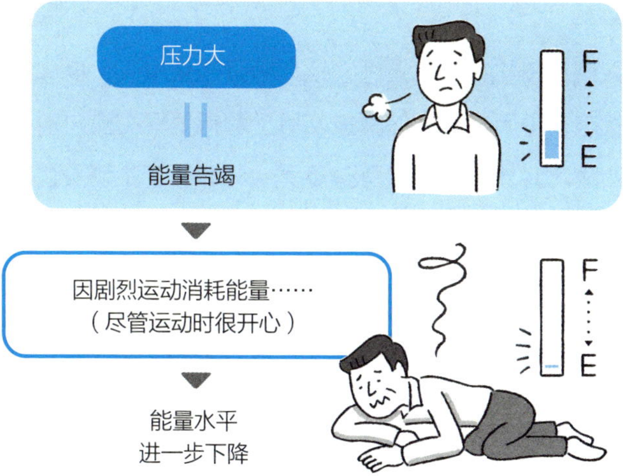

选购不含酒精的饮料，巧妙减少酒精的摄入量

休养期间不宜饮酒。若实在戒不掉，不妨选购无酒精饮料。

酒精会干扰睡眠

压力大的时候，很多人会选择借酒浇愁，甚至用酒精助眠。

我也有喝酒助眠的习惯。

你这样的情况并不是特例，很多人都有睡前饮酒的习惯——因为睡不着，所以要喝点酒。不过近年来的研究结果表明，酒精其实会干扰睡眠。

摄入酒精确实有助于入睡。但在睡眠的后半段，身体会切换到觉醒状态，进而导致中途醒来、早上醒得很早。换句话说，就是难以熟睡。此外，连续饮酒3～7天会让身体产生耐受性，这样一来，连“帮助入睡”这一条都指望不上了。

睡眠质量一旦受到酒精的影响，大脑就会判定“你由于缺乏睡眠而深陷危机”，进而产生模糊的焦虑感，不知道为什么，可就是感到莫名的不安。

| 饮酒与睡眠的关系 |

正常的睡眠模式与体内有酒精残留时的睡眠模式

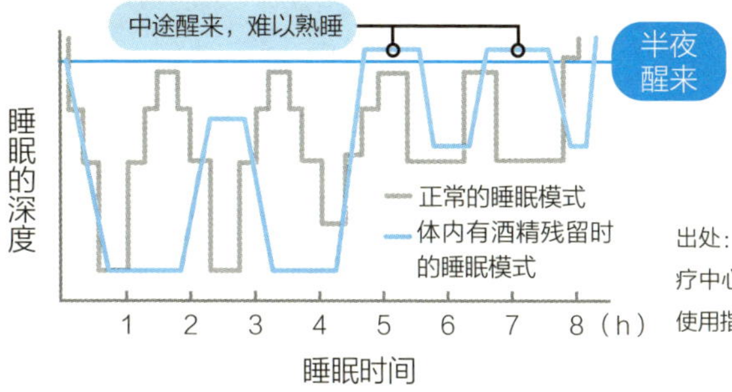

出处：日本大阪精神医疗中心官网“助眠药物使用指导方针”

选购无酒精饮料

可是戒酒好难啊……
有什么好办法吗？

的确如此。酒精是一种很容易让人成瘾的饮品。就算没发展到酒精依赖症的地步，也会造成“知道喝酒对身体不好，可就是戒不掉”的状态。跟这类人解释酒精的危害往往收效甚微。

如果你也属于这种情况，不妨调整一下思路：不必强迫自己彻底戒酒。实在控制不住，总是忍不住想喝酒，那就选择不含酒精的饮料。

无酒精饮料是个不错的选择。如今，无酒精饮料的生产技术已经相当发达了，口感与味道都跟酒精饮料非常相似，喝着很过瘾。很多人就是靠无酒精饮料减少了酒精的摄入量，值得一试。

尝试向他人求助

求助后记得道谢

烹饪、园艺、游戏、散步……这些都是可以一个人做的事情，也都很简单。即便是正在休养的人，也很容易上手。

“可以一个人做”这一点好像很重要。毕竟家里还有需要照顾的孩子，还是尽量选这种可以独自完成的爱好比较好。

不过话说回来，可以一个人做的事还是很有限的。“不管怎么说，休养都是会给别人添麻烦的。”出于这种心态，我向下园老师问道——

有时候，光靠自己是没办法完成解压的。
遇到这种情况又该怎么办呢？

是啊，我对求人帮忙还是比较抵触的……

田中课长说出这样的话，我倒是一点都不惊讶。因为他平时就很少找下属帮忙。

一个人的力量不够用的话，就应该积极向他人寻求帮助。

可是……

我总觉得开口求人就是“输了”，而且这不是给人家添麻烦吗？

很多人是不想欠人情，但人本就是一种无法独自生存的群居动物。

等情况好转了，再诚心感谢对方的帮助就行了。

感谢啊……

我最近确实很少跟人说“谢谢”。

是吗？

那希望你以后把之前“欠”的都补上吧。

老师说完微微一笑。见状，课长也不禁露出笑容。平时很少看到他笑。

找家人、朋友或同事帮忙都没问题，也别忘了医生和我们这样的咨询师。

试着向他人讲述你的煎熬与痛苦

向他人倾诉自己的痛苦对恢复状态很有帮助。那么，倾诉为何有助于缓解压力呢？

情绪催生了“传达欲”

童话故事《长驴耳朵的国王》告诉我们，倾诉自己的所思所想有助于平复心绪。

压力大的朋友不妨找人倾诉一下自己的痛苦。如此一来，心里至少能舒坦一些。

可问题没有解决啊，光倾诉有用吗？

有用。关键在于压力产生时涌上心头的情绪。

| 传达欲所包含的两种欲求 |

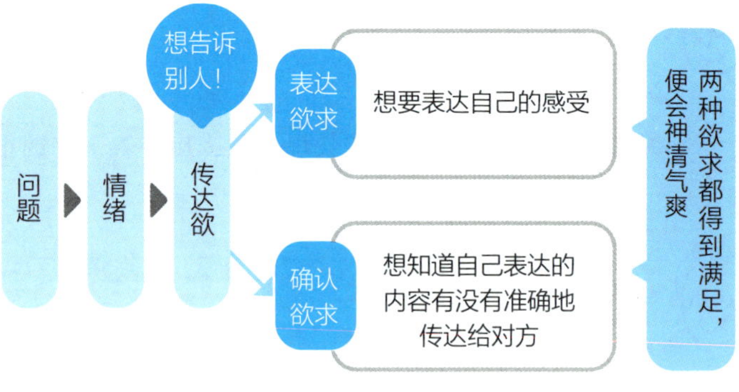

在第3章中，我们提到正面或负面的情绪是为促使自主行为服务的。其实情绪还有另一个作用，那就是把自己的状态传达给别人。

人本就不是能够独立生存的动物，讲究互助共存。例如遭到猛兽袭击时，你会产生恐惧的情绪，于是自然而然会对旁人喊出“救命”。这就是情绪的“传达”作用使然。我们称之为“传达欲”。特别是在遭遇危机时，传达欲（想要传达情绪的欲望）会变得格外强烈。

倾诉得到反馈后就会神清气爽

“传达欲”还能细分为两种更具体的欲求，即想要表达自己感受的“表达欲求”和想知道自己表达的内容有没有准确地传达给对方的“确认欲求”。

因遭受攻击感到恐惧时，我们可以通过大喊“救命”满足表达欲求。但“确认欲求”无法就此得到满足。因为你还需要对方对你所喊出的“救命”做出反应。

鼓起勇气呼救，却没有得到回应，或是只得到了一句“靠自己吧”，那就不可能“痛快”，甚至会有受伤的感觉。

可要是对方回答“我这就来救你”呢？如此一来，表达欲求和确认欲求都能得到满足，传达欲就完成了它的使命。这就是找人倾诉痛苦后感到神清气爽的原因所在。

详细描述自己痛苦的感受

倾诉压力问题时，要选择会认真倾听的人，如实描述自己的痛苦和烦恼。

倾诉是为了避免危机

可倾诉烦恼有种说丧气话的感觉，我实在做不到……
有没有关于倾诉的诀窍啊？

好不容易鼓起勇气向人倾诉，对方却满不在乎，或者给出难以实施的建议……想必很多朋友都有过这种不愉快的经历。

话虽如此，但压制倾诉的欲望决不是什么好主意。毕竟危机当前，若不及时求助，事态也许会进一步恶化。

换句话说，满足“传达欲”也有助于避免更大的危机。

斟酌“跟谁说”“怎么说”

倾诉痛苦和烦恼一定要选对人。如果你想解决问题，就找熟悉相关领域的人商量。但**如果只是想发泄郁闷的情绪，那最好找一个认真倾听、不会中途打断你的人。**

开始倾诉前，不妨先告诉对方“耐心听我说就行了”，或者

“我接下来说的可能会吓着你，其实我也不知道自己为什么这么难受，你听我说说就好”，这样对方就不至于不知所措了。

如今，越来越多的人习惯在社交平台上倾诉烦恼，但这么做有一定的风险，因为你无法预测网友会做何反应。如果对方的反应让你感觉不适，请务必敬而远之。

另外，倾诉时不仅要讲清压力产生的前因后果，还要描述一下自己如何痛苦、有怎样的感受。这样对方会更容易理解你的郁闷。不要只说工作不顺心，最好具体描述出自己现在的状态和感受，比如“难受得吃不下饭”“感觉都不像平时的自己了”之类的。

| 找人倾诉的注意事项 |

感觉内心煎熬时不妨求助精神科医生

许多人对“看精神科”抱有抵触情绪，但有时候我们的确需要精神科医生的帮助。

看精神科有什么好处

如果你发现压力已经大到了无法自行纾解的地步，或是上司、同事、家人不理解休养的必要性，那么求助精神科医生就是最明智的选择。

看精神科啊？
我还是有点抵触的……

很多人都这样。其实看精神科还是有很多好处的。

首先，走出压力离不开充足的休息。要想休息好，就必须解决失眠和焦虑问题。而精神科医生在这方面有着丰富的经验。

如果你有严重的失眠或焦虑症状，医生会给你开助眠、抗焦虑的药物。这些药物都能帮助你获得足够的休息。

其实很多人是想休息的，只是不好跟上司、同事和家人解释。毕竟个人的判断无法轻易得到旁人的理解。但是有了医生出具的诊断证明，“当事人状态如何、需要休养多久”便一目了然了，请假的难度自然能降低不少。

不过，找精神科医生倾诉恐怕是行不通的，毕竟医生每天都要接待大量患者，通常没有足够的时间与每个人细聊。

因此，大家不妨找心理咨询师倾诉自己的烦恼。

给心做个“体检”

话是这么说，可是肯定会有人在心里嘀咕：“我的症状也不是很严重，真的有必要去看精神科吗？”

胃不舒服就去看消化科，牙痛就去看牙科，这都是理所当然的。同理，心里不舒服，就应该去看精神科，权当是给自己的心做个“体检”。

“要不要看医生”确实是个愁人的问题。实在拿不定主意，不妨找专业的心理咨询师探讨一下，他们一定能给出合理的建议。

| 心里难受，不妨求助专业机构 |

掌握正确的解压方法

本章小结

- [ ] 着手解压前需客观评估自身状态。
- [ ] “早发现、早干预”是解压的基本原则。
- [ ] 远离刺激、充分休息和改善生活环境是解压的三个关键。
- [ ] 休养期间尽量“慵懒度日”。
- [ ] 休养期间要选择可以独自完成的兴趣爱好。
- [ ] 压力大的时候避免剧烈运动。
- [ ] 倾诉压力带来的痛苦和郁闷有助于缓解焦虑情绪。
- [ ] 自己搞不定的时候，不妨求助精神科医生。

我以后一定注意，早发现、早干预。

嗯。感觉到有压力时一定要好好休息。

第5章

案例分析

解压没有万能的标准答案。毕竟造成压力的原因是因人而异的，
大家感受到的痛苦也各不相同。

本章将介绍一些具体案例，附上相应的解压方法。
如果有与自身情况相近的，不妨用作参考。

咨询者

长谷川美咲（28岁）

其父亲曾因为压力问题求助心理咨询师，成功走出阴霾。这段经历让她对心理咨询产生了兴趣，正在学习相关知识。

工作方面的压力应该如何纾解

如何才能成为一名心理咨询师

第一次见到下园老师时，我一张口便问出了这个问题。现在回想起来还挺尴尬的，但这确实是我最想知道的。

你为什么想当心理咨询师呀?

因为我父亲遇到过严重的压力问题，多亏心理咨询师的帮助才能走出阴霾，所以我对这份职业产生了向往。

几年前，父亲的身体因为压力太大出了问题，整天疲惫不堪，严重的时候连班都上不了，我却只能在一旁干着急。好在他遇到了一位认真听他倾诉的心理咨询师。

多亏了咨询师的建议，父亲才逐渐振作起来，几个月后就回归了职场。父亲重返职场那天晚上精神抖擞地回到家，一进门就笑着说：“我下班回来啦！”——那一幕至今历历在目。从那一刻起，我就下定决心，要尽自己所能帮助和父亲一样饱受压力折磨的人。

听完我的讲述，下园老师微笑着说：“原来是这样啊。”

那我们就先通过一些真实的咨询案例，来了解一下心理咨询师需要掌握的基本知识吧。

好的，麻烦您了！

碰到压力很大的咨询者，您都是怎么开导的呢？

第一步是认真倾听，建立相互信任的关系，然后再一起思考走出困境的方法。

明白了！

我父亲也说，跟咨询师倾诉一番，总结出应对方法之后，他感觉整个人都轻松多了。

是吗？那么，就让我们先来看几个与工作相关的解压案例吧！

A先生（公司职员　35岁）

CASE 01

疲惫不堪，却无法请假

连老婆都问我："你是不是压力太大了？要不要休息一阵子啊？"最近确实有些拼过头了，也许是应该休息一下。可手头有些业务是没法让同事接手的，请不了假啊。反正我也不觉得压力很大，熬过这阵子就能轻松一点了，应该不需要请假吧？

感觉不到的疲劳与压力 才是危险的预兆

A先生工作太拼了，肯定积累了不少疲劳，也产生了压力，但他感觉不到。这是因为他体内的"痛苦聚焦机制"被激活了。

警惕"痛苦聚焦机制"的启动

痛苦聚焦机制会让我们专注于手头的任务，忽略疲劳和压力的存在。A先生的现状就是如此。长此以往，他的精神可能会突然崩溃——尽管他认为自己还撑得住。

A先生还说自己"请不了假"，这很有可能是痛苦聚焦机制引起的执念（详见P94）。换句话说，他不是请不了假，而是抓着工作不放，认定"那是非我不可的工作"。

体力下滑导致的“35岁危机”

A先生35岁了，这也值得我们关注。人的体力一般在35岁前后到达巅峰，之后开始不断下滑。我将这种现象称为“35岁危机”。

| 恢复能力与工作量的关系 “35岁危机”示意图 |

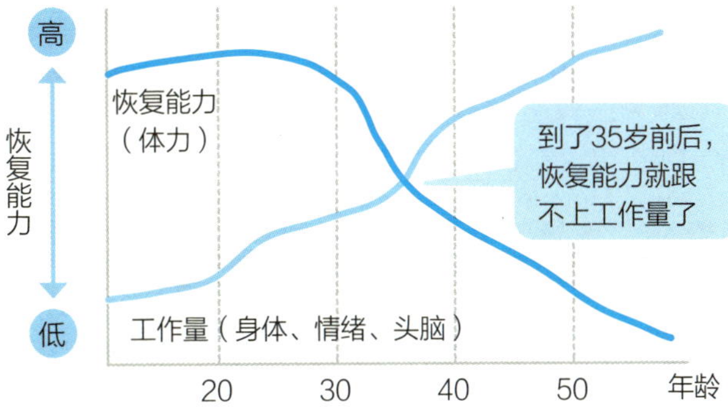

20多岁刚踏入社会的时候，工作再辛苦，也是“一人吃饱，全家不饿”，体力也比较充沛，就算是累着了，也能很快恢复过来。可是到了而立之年，人难免要承担更多的责任，还得照顾好下属或家人。再加上体力下滑，疲劳迟迟得不到缓解。在这种状态下，如果还跟年轻时一样，休息日的时候不好好休息，就很容易把自己累着，在不知不觉中积攒很多压力。

如果A先生运气够好的话，就算不采取任何措施，也有希望走出当前的困境。但一点小挫折也完全有可能让他升级到压力的第3阶段（详见P114）。也许是时候了解“35岁危机”，调整一下生活方式了。

B女士（公司职员　44岁）　　CASE 02

恼人的职场霸凌

我跟领导的关系不好，每天都得忍受职场霸凌。我实在撑不住了，跟公司提出请假，却被告知“不允许请假，想休息就辞职走人”。我年纪不小了，不好找工作，不想走到辞职这一步。而且家里人也不理解我所承受的压力，看到我放假在家休息，也会指责我太懒了。

工作哪有命重要

“想休息就辞职走人。”——这样的公司，还有什么可留恋的呢？

这话不仅是对B女士说的，很多在工作中承受巨大压力的人都应该重新思考一下现在这份工作的意义。毕竟工作哪有命重要啊！

压力大=生命危险

许多人明明因工作而受尽折磨，却不愿意辞职。

理由五花八门，其中以“经济方面的考虑”“不好再就业”为主。然而，大家不妨把工作和性命放在天平上权衡一下，孰轻孰重？

处于极端的压力状态下，无异于将自己的性命暴露于危险之中。工作再重要，能比过性命、健康和尊严吗？

别自己钻牛角尖，寻求专业帮助

压力大的人容易钻牛角尖。他们非常焦虑，很容易陷入思维误区，难以鼓起勇气，迈出辞职那一步，不想被惯用职场霸凌之术的领导“打败”。

处于这种状态的人是无法独自做出正确的选择的，请务必求助值得信赖的人，最好是专业的心理咨询师。咨询师可以提供切实可行的应对方法，帮你走出困境。

如果你已经发展到了抑郁状态，请务必向精神科医生求助。逃跑和战斗都需要体力。养精蓄锐，呵护自己的身心状态才是当务之急。

如果家里人理解不了，不妨请医生或咨询师代为解释你的状态和休养的必要性。

| 孰轻孰重 |

建议B女士立即远离工作，安心休养。应该尽快去看精神科医生或求助专业的心理咨询师，以确保足够的休息，还要让家人理解休养的必要性。

C先生（公司职员　53岁）

CASE 03

工作效率大不如前

我年轻时就一门心思拼事业。做得比别人多、比别人好就是最让我开心的事情。在同龄人里，我也是升职比较快的。可最近总觉得工作效率大不如前，大概是因为上了年纪吧。身体也不太好，整个人越来越虚了。我只恨自己不中用，又不想让别人看出来，一直拼命维持年轻时的工作强度。

有痛苦（压力），才能铸就全新的自己

C先生这些年在事业方面一帆风顺，看来只是年龄的增长带来了一些压力。这种情况在50多岁的人群中比较常见。

C先生认为这是“危机”，我却觉得是“机会”来了。

感觉到改变的必要性，才能实现成长

如果一个人对自己目前的状态感到很满意，他就不会刻意去改变自己以及生活方式。毕竟改变费时费力，不愿改变是人类自古以来的天性。

因此，仅凭向往“想要变成那样”或他人要求“你应该变成那样”是很难改变自己的。但C先生深刻意识到了“再这么下去不

行”。人一旦有这样的感受，就会努力改变，即便要耗费宝贵的精力也在所不惜。

| 有低谷才有成长 |

在走出低谷的过程中改变

C先生想方设法维持以往的工作方式，但现实告诉他，以前的做法行不通了。于是他进入了压力的第2阶段，没精打采，丧失信心，疲劳也得不到缓解，身体也开始“罢工”了。

但只有置身于痛苦之中，才更容易认识到“只会埋头往前冲是不行的”，这就是变化，也是蜕变的开端。

C先生这种对自身能力比较自信的人往往有“低估压力”的倾向。而受挫的经历能帮助他们认识到“每个人都会有压力”，从而放下“只要足够努力，一切问题都能解决”的观念。

我会让C先生尽力而为，怎么痛快怎么来。听起来有点不近人情，但痛苦一旦达到改变所需要的程度，人生态度就会自然而然地改变。我坚信C先生的潜能，愿意与他并肩同行。

家庭、育儿方面的压力应该如何纾解

如果压力是家人造成的，还有办法远离吗

我觉得老师介绍的解压方法都非常好操作。只要“远离刺激”，再好好休养就行了。

不过“远离刺激”说起来容易，在某些情况下还是很难做到的吧？

老师，如果压力是家人造成的，那不就很难办了吗？

是啊，家家有本难念的经。

你觉得具体难在哪里呢？

您说解压的关键在于“远离刺激”，可一家人天天生活在同一屋檐下，如果“刺激”来自家人，岂不是没法远离了吗？

确实如此。
但“远离刺激”这条基本原则是不变的。

可一家人抬头不见低头见的，怎么远离啊……

遇到这种情况，只要在精神层面远离就可以了。

什么叫“在精神层面远离”？我不禁抱起胳膊，陷入沉思。见状，老师说道：“关键是要降低期望值。”

不要对家人期望过高，认定“既然是一家人，就一定会理解我的”。
总之就是别以为一家人就一定能够相互理解。

啊？家人还不能相互理解吗？

其实在现实生活中，家人之间的相互理解更是可遇不可求的。
建立在血缘上的关系反而更容易闹僵。

真的是这样吗？我们家还挺和睦的，简直难以置信……

D女士（公司职员　31岁）

CASE 04

被家务和孩子搞得心烦气躁

我们家是双职工家庭，有一个3岁的孩子，平时送托儿所。我每天都要为家务和照顾孩子的分工跟老公吵架，心烦气躁，觉得受苦受累的总是我。再加上孩子开始叛逆了，带孩子这件事也让我备感压力，搞得我时常后悔，心想“早知道就不生了”，然后又嫌弃自己怎么会这么想……真的是很犯愁。

关注“可以改变的”

D女士大概是想让老公改一改。然而，他人的想法和感受基本上是改不了的。总想着改变别人，人只会变得越来越焦虑：“我都这么努力了，怎么还是改变不了他啊！”

因此，压力管理的第一步就是区分“可以改变的”和“无法改变的”。

巧用家政、托儿服务

对D女士而言，她“无法改变的”是老公的态度。再怎么拼命地去要求他，也不会带来积极的变化。

既然如此，那就专注于“自己可以改变的”，想办法调整一下做家务和带孩子的方式吧。可以请钟点工，把孩子送去托管中心或请人照看，以减轻D女士自己的负担。

再伟大的父母都有厌烦子女的时刻

像D女士这样为带孩子的事情发愁，难免会对孩子生出几分厌烦之情。但大家没有必要为此感到沮丧。毕竟养育子女需要耗费大量的精力，而且通常会剥夺父母的自由，因此心生厌烦也是人之常情。再伟大的父母都会有厌烦子女的时刻。

在这种状态下孤立无援，就很容易情绪低落，认为自己是个不称职的家长。因此，建议各位妈妈要多跟外界沟通交流，从各方获取有助于自我认可的信息。

大家可以通过网络和书籍了解他人在育儿路上走过哪些弯路，听听其他妈妈倒倒苦水也不错。如此一来，你便会意识到：“原来大家也都是这么跌跌撞撞过来的呀。”

| 区分“可以改变的”和“无法改变的” |

神啊，请赐予我平静，去接受我无法改变的。
给予我勇气，去改变我能改变的。
赐我智慧，分辨这两者的区别。

——神学家尼布尔

美国神学家尼布尔留下了这样一段祷告文。如果某件事是无法改变的，就应该平静地接受，只改变我们能改变的。在痛苦中不断试错，便能提升辨别能力，认清“可以改变的”和“无法改变的”。这便是“智慧”。

E女士（家庭主妇 42岁） CASE 05

疲于应对婆家的干涉

我的压力一直都来自婆家。公公婆婆家和老公的兄弟姐妹们都很富有，学历也高，动不动就爱干涉我们家的家务事，对孩子的教育指手画脚。孩子没考上心仪的初中时，婆家人说都怪我的基因不好，听得我心里特别不是滋味。老公也只会敷衍两句“随他们说去”“别放在心上”，毫无作为。

在埋怨老公之前采取对策

如果E女士可以通过向朋友诉苦缓解压力，那就不是什么大问题。多找机会倾诉，心里肯定会痛快不少。

但千万不要奢望得到婆家人的理解，因为我们无法改变他人的观念和想法。

合不来就敬而远之

对于E女士来说，为了避免压力升级，最好的办法就是与婆家人保持距离，也就是前面说的尽快远离刺激。

可以坦白地告诉老公“我不想跟你家里人多来往”，专心过好自己的小日子就可以。

如果因为疏远婆家而感到内疚，大可在逢年过节时发个祝福短信、送个小礼物，以此来维持表面上的和谐。

告别“贤妻良母”思维

对“疏远婆家”感到内疚，是因为我们亚洲人有着根深蒂固的“贤妻良母”观念。

做妻子的就应该迁就老公，要跟婆家人和睦相处——且不论这种观念本身正确与否，如果这样做让你产生了压力，那就不要勉强自己为好。

如果E女士继续勉强自己做所谓的“贤妻良母”，不仅会埋怨婆家，还会对老公心生怨恨。和爱人保持良好的关系，难道不比做一个贤妻良母更重要吗？

| 告别“贤妻良母”思维 |

首先是要和婆家人保持距离。不需要和那些不认可你付出的人打交道。随着时间的推移，双方的处境也许会发生变化，到时候可能会找到更好的相处模式。

F女士（兼职 20岁）

CASE 06

对不管老人的手足怒火中烧

兄弟姐妹把照顾老人的责任都推给了我。毕竟是骨肉至亲，我不能不管，但负担实在太重，搞得我心里常有怨气。我也不图什么回报，可兄弟姐妹连一句“谢谢”都没有，还成天指手画脚。明明是血脉相连的手足，凭什么让我一个人受罪啊……一想到这些就好难过。

跟家人处不好才是常态

在照顾老人的时候，难免会冒出这样的念头：“要是没他们拖累就好了……”有这种想法不是你的错，也不是老人的错，而是得不到缓解的疲劳在作祟。

兄弟姐妹之间本就是竞争关系

我素来认为，跟家人处不好才是常态。虽然有血缘关系，但父母和兄弟姐妹终究是“别人”，三观难免会有差异，想要步调完全一致、和睦相处简直比登天还难。

可就是因为有血缘这层关系，很多人往往会觉得不用多说，家人应该也能懂的，由此牵扯出没完没了的冲突。

手足之间尤其容易闹矛盾。其实从生物学上讲，兄弟姐妹之间本就存在竞争关系，而争夺的对象正是父母的爱。

| 兄弟姐妹之间本就是竞争关系 |

请第三方介入家庭会议

F女士可以利用各种养老、护理服务，尽可能减轻自身的负担。至于费用要如何分摊，则需要与兄弟姐妹讨论。但是切记，讨论时一定要有外人在场。

在有利益冲突的情况下，家庭会议很难太平收场。尤其是筋疲力尽的时候，你可能会被精力充沛的人的气势震慑住，无法冷静地表达自己的观点，事后又追悔莫及。

实在需要跟家人开会时，请第三方介入才是明智之举。最好请律师这种专业的调解人，为人公允、能耐心听取各方意见的邻居也不错。

疲劳时很容易认定“自己不中用”。照顾老人固然重要，但请务必把自己的健康放在第一位。撑不下去的时候千万不要硬撑，尽快跟兄弟姐妹提议：“我一个人撑不下去了，花钱请人吧。”

G先生（公司职员　41岁）

CASE 07

担忧不想上学的孩子

念五年级的儿子说不想去上学了。老婆说，孩子因为一点小事遭到了同学的嘲笑。我觉得如果孩子在学校的生活太难熬的话，可以暂时不去，可又担心他整天在家里游手好闲，还担心不上学会耽误他的前程。

“不想上学”说明孩子相当疲劳

“不想上学”也是孩子自我主张的一种体现。强迫、催促孩子去上学，那就相当于无视孩子的意愿。

尊重孩子的决定

对孩子来说，“不上学”同样是一个非常重大的决定。既然他明确表达了这种意愿，也付诸实践了，那背后肯定有着强烈的信念。因此，家长一定要尊重孩子，不能不分青红皂白地否定。

让一个明确表示“我不想去上学”的孩子重返校园，那也是强人所难。至于原因，大家肯定已经猜到了。没错，因为我们无法改变他人，只能改变自己。面对至亲的时候，我们很容易忘记这个前提，总想让对方按自己的意愿来。

不要拘泥于传统的养育观念

不愿上学，说明孩子已经相当疲劳了。**不知道疲劳的原因也没关系，总之先让他好好休息一下，做到这一点就行。**如此一来，孩子定能恢复元气。请各位家长不要过于焦虑，做好孩子的后盾，耐心等待即可。

G先生有点担忧孩子的前途，其实现在学习的途径已经非常多样化了。有校风宽松、不讲究出勤率的自由学校[1]，也有函授学校，在家里上网课也能学习。不必拘泥于传统的养育观念，帮孩子找到适合他的学习方式吧！

| “去学校上课”之外的选项 |

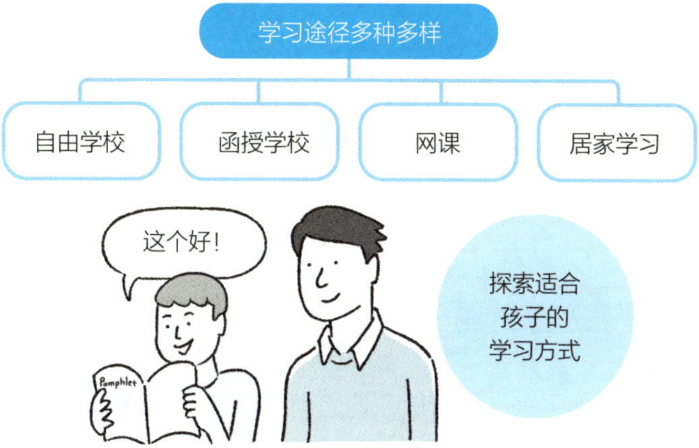

别太顾自己的面子，要尊重孩子的感受，让他充分休息。等状态好转了，再支持孩子做想做的事。

1. 自由学校（Free Schools）一般指不由地方政府管理和控制，也不受地方政府资金资助的学校。这类学校有更多的自主权，其中包括：有权利改变每学期上学日期的长短，延长每天的作息时间等。自由学校的入学标准和其他学校相同，但坚持教育平等、一视同仁的原则，不允许通过考试选拔入学学生。

H女士（公司职员　33岁）　CASE 08

别的妈妈总想压人一头，天天胆战心惊

我的性格有点“软柿子”。孩子上了幼儿园，我难免要和其他妈妈来往，觉得压力很大。“妈妈圈”里有个特别强势的人，天天“秀”优越感，总想着压我一头，真是烦不胜烦。可我又怕得罪了她会影响到孩子，只能赔笑脸。

孩子需要精神状态稳定的父母

H女士这种性格软弱的人，不会强势地拒绝他人，因此很容易因人际关系而产生压力。解决问题的关键在于实践解压的基本原则——远离刺激。

孩子有孩子的圈子

跟某人处不来，大可敬而远之，不必勉强自己。这条原则也适用于家长之间的交往。平时见到了就点点头，面子上过得去就行了，惹不起还躲不起吗？

大家可能会担心“不和其他家长搞好关系，孩子会受到排挤或被欺负”。放心吧！大人有大人的圈子，孩子也有孩子的圈子。

只要两个孩子自己想交朋友，双方家长走得不近也没关系。

回想一下自己童年的经历就知道了。你的父母和你好朋友的父母走得很近吗？不一定吧？

| 孩子关系好≠家长关系好 |

父母对孩子的影响最大

在大多数情况下，家长之间的来往不会直接影响孩子之间的友谊。比起同学和同学的家长，父母对孩子的影响才是最大的。

父母心里难受，孩子也会不好受。父母开开心心，孩子就会开开心心。父母的精神状态对孩子的影响就是这么大。

也就是说，只要父母的精神状态足够稳定，孩子就不会出问题。与其忧心跟其他家长的关系，不如先想办法给自己解压，在日常交际中保持良好的心态。

H女士肯定在和其他妈妈的互动中受了不少委屈，太不容易了。从现在开始，告诉自己“我可以跟合不来的人保持距离”，把心态放平，和孩子一起享受生活吧！

I先生（派遣员工　35岁）　CASE 09

担心自己的前途，父母又不断施压

我都三十好几了，还没找到对象，只能和父母住在一起，当着朝不保夕的临时工，因此父母动不动就数落我，特别难受。我也觉得不能再这样下去了，很担心自己的前途，但同时又觉得“我这么不中用，干什么都不顺利”，因而不敢应聘有正式编制的工作，也不敢考虑结婚的事情，简直就是一事无成……

不要拘泥于世俗的“幸福”

I先生这样的人即便不积极参与社会活动，也很容易因为内心纠结而造成严重的内耗。父母的数落肯定也瓦解了他的自信心，所以他的压力恐怕已经发展到了第2阶段。

恢复精力和自信

如果精力和自信都遭到了严重打击，当务之急便是“充电”。照理说，需要休息一个月左右，但好面子的父母可能无法接受。那就退而求其次，有意识地增加睡眠时间，再配合散步、力量训练、瑜伽等轻松的运动也有一定的帮助。身体恢复了活力，便成功了一大半。

精力恢复得差不多了，就可以通过社交重建自信了。不用想得太复杂，见见朋友叙叙旧，去健身房交几个新朋友，随便聊聊，都是不错的办法。不过请务必注意，千万不要因为人际交流方面的失败而否定自己。即使有一点小进步，比如今天跟很多人打了招呼，也同样值得鼓励，记得多多认可自己。

情况好转后，寻觅属于自己的“美好人生”

长期处于压力的第2阶段，就会认为自己的“活法”有问题。而且，处于第2阶段的人往往心态消极，越是琢磨，就越是没有自信。因此，关于“活法”的问题应该暂时搁置，等情况好转了再议。这一时期最好避免阅读励志类书籍，或学习哲学方面的知识。

等养足了精神，回到了第1阶段，关于人生的种种烦恼也就不再是大问题了。到时候，你就会认清什么才是属于自己的幸福，进而采取实际行动，走向自己的“美好人生”。

| “美好人生”的定义因人而异 |

I先生若想重启人生，首先要充分休养，重塑自信。走出压力的第2阶段后，自然能够找到适合自己的活法。

青少年也会有压力吗

重新审视固有观念

听了老师这么详细的分析，我越来越觉得，也许我们的压力都来源于“必须××”“应该××”这样的固有观念。

“成为贤妻良母”“一家人就应该相亲相爱”……本以为这些都是理所当然的，但在很多情况下，往往就是这种固有观念带来了一系列的问题。

我们不能太拘泥于固有观念，而忽视了自己内心的感受……

是的，亚洲人普遍都有很强的从众心理，总是希望和他人保持一致，把自己框在各种条条框框里。

我就是这样的，对“大家都××”这种话特别没抵抗力，别人说“这个好”，我就会忍不住掏钱买……

如果你确实觉得那个东西好，买了倒也无妨。
可要是不这么想，那还是应该根据自己的标准判断后自行决定。

老师说得太对了。我们从小到大认定的理所当然的事，也许是社会强加在我们头上的……我还是第一次产生这样的想法。

等一等，我突然想到一个问题——既然从小就被强加了某些观念，那小孩子是不是也会有压力啊？

老师，年轻人，比如十几岁的青少年，会不会有压力呢？

那是当然。
现代人的压力大都来自人际关系，任何一个年龄段的人都无法避免。

这样啊……
那是不是意味着青少年也被固有观念困住了手脚呢？

比起当事人自身的观念，
家长的态度和反应其实对青少年的影响更大。

小J（男性 小学生　12岁）

CASE 10

备考、择校力不从心

我是一名六年级的小学生，明年就要参加小升初入学考试了。爸爸妈妈在我二年级的时候就送我去上补习班了。可是从四年级的第二学期开始，我的成绩一直原地踏步。我隐约觉得自己的成绩大概是上不去了……说实话，我已经不想考了，可又不想让父母失望，很多话说不出口……

警惕亲子之间的认知差异

把父母的幸福当成自己的幸福，这是孩子的天性，所以只要父母和孩子一条心，再大的困难都能克服。可双方的认知要是不在一条水平线上，那就需要格外注意了。

考不考试取决于孩子的状态

小J正处于信心不足、精力不济的状态，也意识到了自己身心疲惫。想必他这些年来也付出了巨大的努力。

然而，父母似乎并没有意识到他的疲惫状态。随着考试临近，他们甚至会越发上心，变着法子训斥、督促孩子。这种亲子之间的认知差异会让孩子饱受折磨。

如果只是父母跟打了鸡血一样，而孩子却撑不住了，那就应该果断中止有关应试的一切活动。毕竟不得不继续学习的是孩子啊……

体验“良性挫折”

如果孩子说“我坚持不下去了”“不想考了”，家长千万不要试图通过鼓励孩子咬牙克服来帮助其重塑信心，当务之急是要表扬孩子及时察觉到了自己的疲劳。毕竟孩子需要很大的勇气才能说出那些话。

人生不如意事十之八九。与其强迫孩子不栽跟头，不如调整思路，想一想如何让挫折变得有意义。而父母的职责就是把这种思路教给孩子，适时拉他们一把。在发生重大损失之前，鼓励孩子体验良性挫折，事后再帮助他们重整旗鼓。面对备考、择校等人生大事时，这样的心态必不可少。

父母要教孩子学习如何面对人生，尤其是如何克服挫折，而不是强迫孩子去应对考试。学习柔道的时候也得从“倒地法”开始，这样才不会受伤。不妨把这种情况当成教会孩子面对人生风浪的好机会。

小K（女性 职校生　20岁）　CASE 11

因社交平台上的评论时喜时忧

我会在社交平台上发一些自己画的小插画，可总也得不到积极的反馈。看到其他人的画有好多网友点赞，我就好不甘心……因此我拼命努力，想得到更多的赞，可效果并不理想。而且上网搜自己的名字时，看到有些网友说我的插画不怎么样，我大受打击……

以更平和的心态进行自我宣传

对小K这代人来说，社交平台是生活中必不可少的沟通渠道。“疲惫的时候”和“精神状态良好的时候”，应该如何跟社交平台打交道呢？让我们分别探讨一下吧。

习惯来自网友的“抨击”

压力很大、身心比较疲惫的时候，请尽量少使用社交平台。因为来自社交平台的如浪潮般的信息会让疲惫感迅速升级。等状态好转了再使用社交平台吧。

此外，状态比较好的时候，我们要有意识地训练自己，让自己习惯来自网友的“抨击”。浏览平台上的信息时，不妨揣摩一下屏幕另一头网友的心思。久而久之，你便会意识到：“这个人虽然口气很凶，但他没有攻击我。”“这个人看到什么都爱抱怨。”

总在网络上抨击别人的人往往就是所谓的“键盘侠”，只敢在网上指点江山。他们缺乏想象力，也不具备共情力，不会设身处地地替他人着想，只敢躲在虚拟的网络世界里匿名发言。只要想通这一点，就不会太介意来自网友的“抨击”了。

| 让社交平台成为你的朋友 |

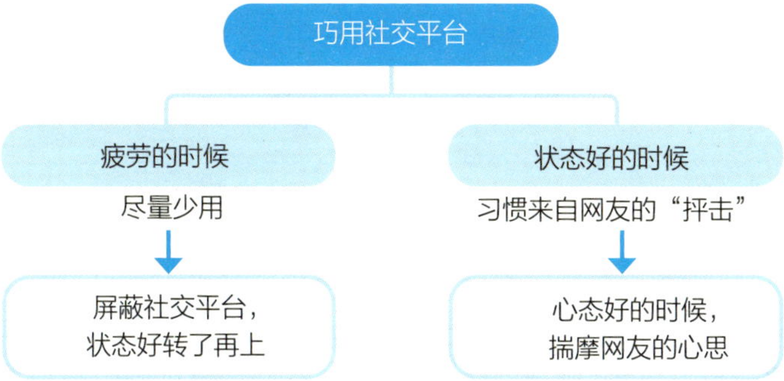

在降低期望值的前提下自我宣传

近年来，越来越多的人开始通过在社交平台上发布美图靓照进行自我宣传。我并不觉得这有什么不好，因为我们活在一个“酒香也怕巷子深”的新时代，不积极宣传自己，怕是很难得到他人的认可。

但我们并不需要得到所有人的认可。进行自我宣传的时候，不妨抱着“寻找志同道合者”的心态。另外，请务必提前降低期望值，因为你发布的内容有可能会被评头论足。如此一来，自我宣传时就不会有太大的压力了。

肯定也有很多人喜欢小K发的插画。不要被部分网友的抨击误导，继续跟支持你的人积极沟通吧！

小L（男性 大学生 22岁） **CASE 12**

为求职压力所苦

我正在找工作，面试了很多家公司，却一直没有被录用，因此感到特别沮丧，压力很大。尤其是听说周围的朋友拿到很多家公司的录用通知时，我会格外灰心，纳闷“为什么只有我一个人找不到工作呢”。而且每次收到未被录用的信息，父母都会嘟囔一句“又没成啊”，这也让我备感压力。总觉得自己是一个不被社会需要的“废物”，心里难受极了。

求职期间易沮丧

因为惧怕压力而回避所有的问题，人就不会成长，也无法抓住机遇，所以我们应该趁着年轻的时候积极挑战。不过当代年轻人的就业压力要比想象中严重得多。

压力仍处于第2阶段就继续坚持

拼命努力只换来了一次又一次的拒绝——这种情况会消耗人大量的精神能量。久而久之，你会觉得“自己干什么都干不成”，从而丧失自信。

遇到这种情况时，请大家注意及时休养（充电），等状态好了再继续脚踏实地地找工作。如果压力仍处于第2阶段，不妨再坚持一下。

但是，如果压力症状（如失眠、食欲不振等）明显加重，即使找到了工作，入职后也很容易出问题。因此，请务必咨询专家，谨慎考虑下一步的对策。

远离周围的压力

正如我反复强调的那样，现代人的压力主要来源于人际关系。小L之所以觉得压力大，也不仅仅是因为迟迟找不到工作，更主要的原因是他拿自己跟其他已经找到工作的朋友做对比。再加上来自父母的压力，情况就更糟糕了。

不妨如实告诉父母和已经找到工作的朋友“我现在状态不好”，请他们尽量不要再施压了。然后创造独处的机会，通过休养恢复元气。

| 压力不仅来自未被录用，更与身边人的反应有关 |

遇到这种情况，父母难免会替孩子着急，问这问那，殊不知孩子已经承受了巨大的社会压力，父母就不要再施压了，相信他们，让他们专心求职吧。

疾病带来的压力应该如何纾解

病好了，压力就会消失吗

听下园老师这么讲解和分析，我感觉很多人的压力是由人生大事触发的，比如考试、求职、结婚生子……

老师，遇到人生的重大事件时，人是不是更容易产生压力呀？

没错。面对人生大事的时候，情绪更容易波动，再加上这种大事往往伴随着周围环境的变化，精神内耗也会比较严重。

如果压力跟环境的变化有关，那生病、治疗等岂不也会产生压力？

那是当然。

疾病本就会造成压力，再加上治疗带来的痛苦，压力就更大了。

生病也算是人生大事了。而且人一旦生病，心态和生活方式都会发生变化，感受到压力也是在所难免吧。

不过，疾病治好之后呢？压力会不会随着疾病的消失而消失呢？

那治疗结束了，病也治好了，压力就不见了吗？

可以治愈的疾病确实是这样，可惜现实生活中有很多无法根治的顽疾。
这些病人就需要改写自己的“人生故事”了。

| 在人生的转折点改写“人生故事” |

人生故事？
是小说、电视剧那样的“故事”吗？

对。
接下来，让我们分析几个因难以根治的疾病而产生压力的具体案例吧！

M先生（公司职员　55岁）　　CASE 13

查出大病，备受打击

大学毕业参加工作以来，我一直全力以赴、努力工作。眼看着还有5年就要退休了，本想再加把劲，多攒点钱养老，没想到在体检中查出了大病，不得不请长假治疗。我担心自己的职位会被别人抢走，每天心神不宁，还气自己不争气，在事业顺风顺水的时候生了病。

面对“疾病造成的沮丧”有两种应对策略

查出大病的人都会出现暂时性的沮丧情绪，一度陷入抑郁状态。

但他们不会一直郁郁寡欢，因为沮丧这样的情绪正是“不能止步于此”这种欲求的体现。

精神状态随治疗好转

疾病再难治，只要有康复的机会，我们的精神状态就会在暂时的沮丧之后迅速回升。因为我们会把注意力转移到“对抗病魔”这件事情上。M先生是还没正式开始治疗，心思还放在工作上。一旦开始治疗，对工作的执念便会减轻不少。

并且，随着治疗的深入，我们会切实地感觉到身体在一天一天地好转，而精神状态一般也会随之恢复。

如果疾病难以治愈，则需要谱写“新的人生故事”

如果是难以治愈的疾病，情况就不太一样了，需要大幅调整自己的生活方式。我将这项工作称为“改写人生故事”。

只要能认识到所有的经历都是有意义的，人就会觉得自己的人生是一个连贯的故事，从而产生安全感。

面对无法治愈的疾病时，我们需要把“与疾病相伴的人生具有怎样的意义”写成全新的人生故事。虽然这样的人生意义我们无法轻易找到，但内心的痛苦会促使我们拼命寻找。

小说、电影、与家人或朋友的沟通、与病友的交流都能为我们“改写人生故事”提供线索。

| “人生故事”是可以改写的 |

M先生现在能做的就是专心治疗，充分休息，暂时别考虑工作方面的事情。随着治疗的深入，疾病与人生的关系会变得更加明朗，到时候自然能谱写出全新的人生故事。

N女士（公司职员　36岁）

CASE 14

备孕坎坷

我结婚都7年了，一直没有怀上孩子，两年前开始接受不孕治疗，但效果并不好，感到压力很大。我也想过放弃，可都砸了那么多钱进去了，有些骑虎难下。老公目前还是比较支持的，但他有时也会说："要不就别要孩子了吧。"

把自己的身心健康放在第一位

备孕之路总是布满荆棘，付出了努力也不一定有回报。每次希望落空，都会产生强烈的沮丧感，这也是人之常情。

不孕不育治疗并非"一分耕耘一分收获"

备孕是否顺利和有没有运动细胞一样，在很大程度上取决于先天的体质和运气，并不是"拼命努力""埋头苦干"就能有回报。

备孕一旦失败，人就很容易怀疑"是不是我有问题"，觉得自己有缺陷，进而情绪低落。而且相关治疗的成本很高，考虑到前期投入，就很难痛下决心喊停了。

然而，如果不孕治疗造成的压力实在太大，“停止治疗”也是值得考虑的一个选项。想要一个可爱的孩子固然是人之常情，但静下心来想一想，其实你的身心健康才是最重要的。

争取亲朋好友的理解

对女性朋友而言，“不孕治疗”本身导致的压力可能比“不孕治疗无果而终”更大。伴侣的理解自不用说，双方长辈的体谅也必不可少。可以让老公和你一起跟亲朋好友讲一讲备孕的不易，以及女性的种种艰辛，也可以请主治医生代为解释。

另外，跟同病相怜的人聊一聊也有助于缓解痛苦，还有可能谱写全新的人生故事。大家不妨上网搜一搜这方面的交流心得等。

| 不孕治疗的痛苦不仅限于治疗本身 |

N女士已经坚持了两年。如果压力实在太大，可能需要和老公认真地谈一谈，做出“停止治疗”的决定。毕竟自己的身心健康才是最要紧的。

O先生（公司职员 40岁） CASE 15

想去精神科咨询压力问题，内心又很抵触

由于领导的职场霸凌，我感到压力非常大，都影响工作了。我跟家人谈过，他们建议我去看精神科。可我不知道该去哪家医院，内心也有点抵触。听说每家精神科医院都要提前一个月预约才能看上。也不知道见到医生之前能做点什么……

求助专业机构，创造休养机会

O先生的情况已经相当严重了，应该尽快求助专业机构，以便为自己创造休养的机会。有医生开具的诊断证明会比较好请假，而且医生还会开一些有助于缓解失眠和焦虑的处方药。

尽早就医

觉得压力很大，非常难熬，就应该尽早就医。如P150—151所说，精神科医生善于处理压力症状，而且能开出诊断证明和处方药，帮助你争取休养的机会。

至于该去哪家医院，大家不妨选择离家近的、能立刻挂上号的。实在没有方向，也可以咨询本地的社区服务中心。

如果没法立刻挂上号，还请尽量多休息，远离造成压力的刺激。找值得信赖的人倾诉一下，保证吃好睡好。

把精神科医生当成“帮你开证明、开药的人”

求助专业机构时，请大家牢记一条原则：不必追求名医。倒不是说精神科领域没有名医，只是再厉害的医生都无法让你迅速解脱，完全消除你的压力。寻访名医只会造成一次又一次的失望，产生更多的压力。

除了求医，压力症状也可以通过远离刺激、休养生息和改善环境来缓解。大家完全可以把精神科医生视作强大的盟友，当成帮你提供休养所需的证明、开出合适处方药的人。

| 把精神科医生定位为提供证明和药的人 |

建议O先生尽快咨询本地社区服务中心，找一家能立刻挂上精神科号的医院。如果需要一段时间才能就医，就先休息，避免疲劳。

本章小结

- [ ] 要想缓解工作方面的压力，关键在于远离造成刺激的工作，休养生息。
- [ ] 放下“成为贤妻良母”“一家人就应该相亲相爱”这样的固有观念，以自己的身心健康为重。
- [ ] 孩子的压力问题与父母的态度密切相关。
- [ ] 疾病造成的压力会随着治疗的深入得到缓解。但疾病若是难以根治，则需要“改写人生故事”，为今后的人生指明方向。

本章介绍的案例仅供参考。在咨询的过程中，我们会根据咨询者的实际情况和周围环境给出更有针对性的建议。

明白了！我会继续努力学习，尽快成长起来，帮助更多的人！

第6章

如何帮助身边的人解压

眼看着亲朋好友为压力所苦，
却不知道该如何跟他们打交道……
想必很多读者都有这样的烦恼。
本章将深入讲解为身边的人纾解压力的具体方法。

咨询者

田村清美（49岁）

想帮助因压力大而苦不堪言的老公，却不知道具体该怎么做，内心惴惴不安。

旁人能做些什么

我能做些什么呢

摇摇欲坠的自信促使我问出了这句话。

老公因工作压力受尽煎熬，我却迟迟没有发现，甚至没有听他倾诉过烦恼。

我越想越觉得他的情况恶化成这样可能是我的错。

不能再让压力折磨他了，想为他做点什么……可我什么都不懂，又能怎么帮他呢？

为了找到这个问题的答案，我走进了下园老师的咨询室。

有一些解压方法是只有离当事人最近的家人或朋友才能实践的。

我也能帮上忙。——听到这里，我不禁抬起了头。

可我一直没发现老公在为工作上的事情烦恼……
不，应该说我根本没有用心去观察他。
我总觉得自己对他的压力问题是无能为力的……

别说是周围的人了，有时候连当事人自己或许都无知无觉呢。

啊？……是吗？

嗯，当事人自己可能都不知道压力是什么时候、从哪里产生的。因此，追着问他们“压力是怎么来的”没有任何意义。

哦……那我到底该怎么办呢？我能做些什么呢？

那就让我们先来聊一聊该用什么样的心态跟压力很大的家人、朋友打交道吧！

不要将痛苦仅仅归咎于当事人

家人和朋友是当事人的坚实后盾。不过在帮助他们之前，我们需要掌握正确的解压知识。

压力大的人会感到孤立无援

说压力大的人处于“异常状态”也并无不可。因为他们体内的各项机制，比如“痛苦聚焦机制”，发生了误启动。

| 旁人的反应有可能加剧压力 |

这会导致工作效率低下和情绪、行为的紊乱。田村女士很是自责，其实旁人觉得“当事人只是在偷懒或逃避问题”才是常态。

当事人也能感觉到周围人的目光，决心要继续鞭策自己：“我得振作起来！”只可惜力不从心，于是他们便会觉得“谁都不理解我”，从而感到孤立无援。

久而久之，情况就越发严重。他们会认为自己是所有人的累赘，深陷压力之中。

学习基本知识，帮助亲友解压

那您的意思是压力症状的恶化不仅跟当事人有关，还跟他们与周围人的关系有关？

没错。正如我们在本书第3章中讨论的那样，现代人的压力大多来自人际关系。旁人的反应和态度极有可能让情况恶化。

不过最能帮助他们的，也正是离他们最近的亲友。

你的态度是会让当事人的压力进一步恶化，还是能帮他有效地缓解压力？这完全取决于你是否了解怎么做才能真正帮到他。

本章将要讲解的就是这方面的基础知识。

“观望”等于“什么都不做”

当亲友因压力而苦不堪言的时候，你会怎么做呢？你的第一反应是不是静观其变，等等再说呢？

不要轻易认定“他不会有事的”

“他好像不太对劲啊……”

假设你是当事人的家人或朋友，察觉到了他的些许异样。可能是因为一句话，比如“好累啊”“撑不住了”“不想干了”，也可能是因为平时开朗活泼的人一反常态地露出了疲惫、低落的神情，甚至还有可能表达出了对人生的绝望……

照理说，你肯定是会担心的。但与此同时，你恐怕也会这么想：“他应该不会有事的……”“再观望一阵子吧……”说不定，你还会告诉自己：“他看上去好像很痛苦，但也不至于会走极端吧。”

是啊，我潜意识里也是这么觉得的：“嘴上说想死的人才不会真的寻死呢。”

也许很多人都是这么想的，但这种想法未免有些武断——

切忌毫无依据的“放任不管”

“他好像不对劲，但应该不会有大问题的。”——这种想法往往来自内心的强烈焦虑或负担感，比如“我也不知道该怎么做”“照顾他太费劲了”。为了消除这种焦虑，制造安全感，我们会下意识地认定“他不会有事的”。

如果你的“观望”有明确的依据，是基于客观分析的结果，比如造成压力的环境有所改变、当事人的应对能力越来越强了，那么放任不管也无伤大雅。

但是请大家牢记，毫无依据的“观望”就等于“什么都不做”，对当事人毫无助益。

| 看到亲友受苦时的两种反应 |

要倾听，不要逼问

压力的原因往往错综复杂，一言难尽。旁人一再逼问“到底是什么原因造成压力的”，反而会让情况恶化。

不要带着“假设”倾听

我们先来聊一聊听当事人倾诉时的注意事项。

见到家人、朋友为压力所苦，很多人的第一反应肯定是搞清导致压力的原因。毕竟大家都觉得，只要能根除导致压力的因素，问题就能得到圆满的解决。

因此，当听亲友诉苦时，我们会下意识地假设苦恼的原因，满脑子想着如何解决问题，以至于无法充分理解对方真正想要倾诉的痛苦。

听到亲友说“最近工作不顺心，心里堵得慌”，你会不会立刻假设“领导有问题”“工作量太大”，然后以此为前提建议对方“要不要跟领导谈一谈”“要不要控制一下工作量”。

这就等于是劝一个高烧39℃的人多运动，强身健体，这样以后就不会感冒了。道理是没错，却不是当务之急。亲友要是摆出这种态度，当事人就会更加郁闷，觉得他们根本不理解自己。

提建议无济于事

我们在第3章中讨论过，压力是多种因素共同作用的结果。因此，就其中一项因素给出建议，往往是治标不治本的。

| 不需要给压力大的人提建议 |

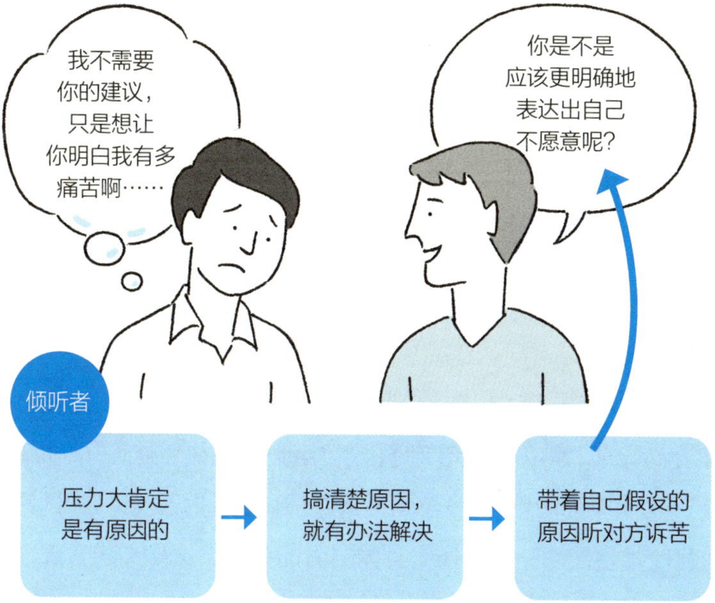

话是这么说，但当事人很有可能已经想到了你建议的办法，甚至已经尝试过了。总之，在给出建议之前，请大家务必理解对方的痛苦。你越是追着当事人提建议，他就越是觉得你在数落他，心里越是不好受。

客观把握对方的痛苦程度

为理解当事人的痛苦，不妨请他讲述一下自己的感受，同时还要关注他身体的健康状况，有没有出现失眠、体重急剧增减等症状。

充分了解痛苦的程度和内容

那么，为了帮助压力大的亲友，我们需要先了解哪些信息呢？

首先，请大家不要逼问当事人“为什么痛苦”，而是先了解一下他有多痛苦。

具体来说，就是引导当事人描述自己的痛苦程度，比如“以前能做到的，现在却做不到了”“总会把事情往坏处想”“非常自责”“心有余而力不足”“感觉不到快乐和活着的意义”“尝试解决问题但收效甚微”等，还有身体层面的痛苦，比如头痛、腹痛、耳鸣、头晕、关节痛、失眠等。

食欲和睡眠方面的变化是情况恶化的信号

无法用语言表达的痛苦也要尽可能地去揣摩。除了自行观察，还可以找其他人了解情况，这样有助于客观评估当事人的变化。

在压力造成的种种变化中，尤其需要注意的是食欲和睡眠。

这两项机能都建立在人的本能之上，任何人都无法“糊弄过关”。

一旦出现下列3个方面的变化，就意味着当事人的情况已经相当严重了（压力的第2阶段）。

A. 体重增减幅度超过5千克

B. 吃不下饭或暴饮暴食

C. 难以入睡，睡着了也会在2～3小时内醒来

睡眠差、中途醒来的人很容易胡思乱想，越发焦虑，以最糟糕的心情迎接第二天的到来。

这会导致他们起床困难，吃不下早餐。就算硬着头皮去上班，上午的工作效率也很低。不过到了傍晚，他们可能会精神一些，甚至能开两句玩笑。

这很容易让人误以为他们只是“起床气大”。殊不知，这是压力大的典型症状，说当事人处于抑郁状态也不为过。

| 从不同的角度观察压力大的人 |

别因为对方看着挺精神就认定“他好了”

认识到亲友的痛苦，并不意味着他们会迅速恢复。走出阴霾是一个漫长的过程。

不要对亲友的痛苦妄下结论

假设你根据前文介绍的思路，已经对当事人的情况有了一个客观的了解。

这个时候，你很容易得出下面这样的结论：

“难怪他睡不着……”

“要不找个时间约他出来散散心？”

“多少大风大浪都熬过来了，这次也不会有问题的！”

像这样自说自话得出结论，试图给问题画上句号，其实还是“问题=烦恼，只要解决了问题，烦恼就会烟消云散”这样的思维在作祟。我们必须根据当事人的痛苦程度采取相应的对策。

充分理解当事人的痛苦，不要擅自得出结论，而是用心引导他们采取正确的解压方法（比如休养），这才是家人、朋友应该给予的支持。

当事人的状态会反复波动

非常痛苦的人也有看起来很精神的时候，而身边的家人或朋友很容易因此认定当事人的情况好转了。

是啊，我老公也是好一阵差一阵的……
这到底是怎么回事啊？

这是因为压力大的时候，状态会反复波动。单看状态好的时候，旁人很容易得出“他已经熬过去了”的结论。但如果低潮期在这个时候来一个回马枪，当事人和身边的家人或朋友就会分外沮丧，情绪低落。

波动大致可分为三类：数小时的小波动、数日的中波动和一个月左右的大波动。而且，波动的出现不受外部刺激的影响。

这就是“针对痛苦采取措施”比“追查压力的原因”更为重要的原因。

| 当事人的状态会有波动 |

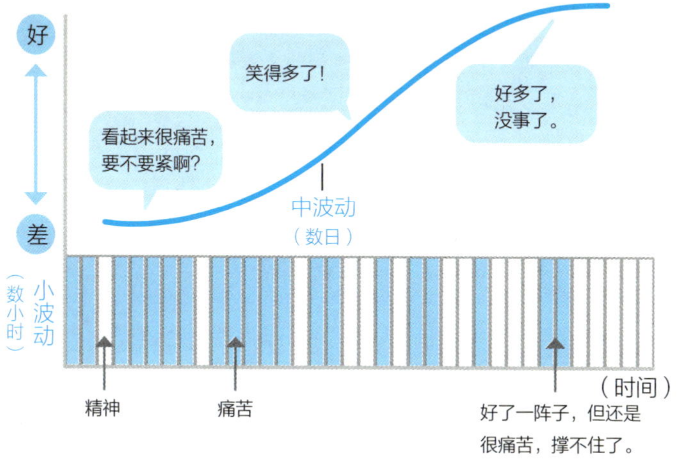

如何正确地听当事人倾诉

关键在于你的态度而非言辞

听了下园老师的分析，我深切地体会到了老公的痛苦。

他的睡眠质量很差，每天早上都无精打采，情况肯定已经很严重了。想到这里，我焦急地向老师问道——

老师，我也想多理解老公的痛苦，有没有什么诀窍呀？

嗯……当务之急还是认真听他倾诉。

光听就行了？
这样真的有助于理解他的痛苦吗？

其实“能不能理解”并不是最重要的，关键是得有“我想要理解你”的态度，这样有助于引导当事人讲述自己的感受，他心里就会好受一点。

也是，我能不能理解并不重要，帮助老公走出阴霾才是最要紧的啊。

听完我的感想，老师微笑着说：“没错，要的就是这个态度。”

可我老公沉默寡言，平时就不太爱跟我沟通……
他真的会跟我倾诉吗？

放心吧。用什么样的言辞并不重要，关键在于表现出“我愿意听你倾诉”的态度。
不过，也不能逼得太紧，否则会加重当事人的压力。等你老公愿意讲了，再耐心、认真地听他说吧。

光嘴上说说还不够，得用态度表现出来……
这样就能让我老公好受一点，是不是？

没错，就是这样。
接下来，让我们一起学习一下该如何倾听吧！

认真倾听

耐心、认真地倾听是帮亲友摆脱压力的第一步。不要插嘴，少说多听。

少说多听

面对压力很大的家人或朋友，我们能做些什么来帮助他们呢？其实，最好的方法莫过于耐心、认真地听当事人倾诉。

可是，我平时也没少听他唠叨啊……

很多人都有这种感觉。但是请大家回忆一下：你真的只是在倾听吗？你有没有频频输出自己的观点，比如跟对方说“打起精神来”“别说这种丧气话”“你一定可以的”……

可能你自己都没察觉到，但是很多人在倾听的时候无意识地就表现出了这样的态度。

让对方多说

听压力大的人诉苦时，记得一定要让对方多说，可以从他们的痛苦状态问起。

“遇到什么情况最难受呀？”——我们可以这样柔声细语地询问，引导对方开口。

如果对方不回应，也不要反复追问，务必耐心等待。

这样做就能满足他们的需求吗？

放心吧！关键在于陪伴当事人，表现出愿意倾听、接受一切的态度，这就足够了。

在后面的章节中，我会具体传授一些更为详细的倾听技巧。

|“自以为是”的倾听不可取|

让对方描述痛苦的具体感受

切忌逼问已经饱受压力之苦的人。巧妙引导当事人讲述自己正在遭受的痛苦吧。

引导当事人描述痛苦

“你到底遇到什么问题了？”

“遇到不顺心的事就说出来听听啊！”

这种苦苦逼问缘由的口吻只会弄巧成拙，给已经处于重压之下的人进一步增加压力，并且会让对方产生“大概觉得我是在无病呻吟”的想法。当事人会下意识地认为，回答这些问题只能换来“这点小事也值得你烦恼啊”这样的奚落。

因此，请大家重点询问当事人“感受到了怎样的痛苦”。不妨用下面这样的问题进行引导。

还要仔细询问当事人的食欲和睡眠情况，尤其是失眠、没胃口的时候感受到的痛苦，更要耐心询问。

如果对方吞吞吐吐或心慌意乱，可以鼓励他们放轻松，并告知对方不必理顺了再讲，想到什么就说什么。

狠狠点头，适时附和

无须发表意见或反驳。记得狠狠点头，适时附和，表明你在认真聆听。

别提建议，适时附和即可

听到对方回答自己的问题，我们难免会产生发表观点、给出建议的冲动。虽然是一片好心，但压力大的人并不需要这些。

只要当事人给出回应，就狠狠点头，适时附和，比如“嗯”“哦”“是的”“这样啊”“还有这种事啊”“懂了”，不要发表自己的观点或想法。如此一来，便能让当事人感受到自己的处境和心情得到了理解。

倾听的大原则是等对方开口。如果对方实在找不到开启话题的契机，就提一些简单的问题，比如，“胃口变差是从什么时候开始的呢”“一口都不想吃吗”，由此引导他们深入讲述自己的苦恼。但千万不要连珠炮似的抛出问题，让对方觉得你是在指责他。

总结加复述

如果对方一口气说了一大段，这时尽量别插嘴，只需要点点头，附和几声。然后趁他停顿的时候，或是讲述告一段落的时候，再进行总结和复述。

总结不必面面俱到，稍有遗漏也无妨，只要让对方感觉到你在认真倾听就可以。就算你总结得不对，对方应该也会如此纠正：“不是这样的，你听我说……”然后继续讲述下去。

不要吝啬时间

倾听急不得，更不能责怪当事人。务必留出充裕的时间，慢慢来。

当事人能感觉到你的急躁

正如我反复强调的那样，压力大的人处于一种“不正常”的心理状态，因此他们的讲述也许会逻辑混乱，也许会翻来覆去说同一件事。

遇到这种情况，作为倾听者千万不能急躁。如果有“这件事要说到什么时候啊”“怎么又说回这件事了……”这样的想法，就算不说出口，当事人也能通过你散发出来的气场感觉到。

这会让他们认定“你果然还是理解不了”，从而再次关闭心扉。

天哪……
压力大的人对别人的情绪这么敏感啊?

是的，他们非常敏感。

他们时刻觉得“自己受到了攻击”，所以面前的人只要表现出些许不悦或烦躁，他们就能立刻捕捉到。

“责怪”这样的情绪也是藏不住的，分分钟就暴露了。

| 压力大的人特别敏感 |

为当事人提供一段“安全”的时光

不急不躁地聆听对方的倾诉，有两点需要格外注意。

第一点，做好听对方倾诉3小时的思想准备。当然，也不一定真的会谈上3小时，但多预留一些时间，你的心态也会更加从容。

第二点，告诉自己“这段时间是用在对方身上的，而不是自己”。想让压力大的人道出心中的苦楚，就需要向他们发送信号，表明“这段时间是完全留给你的，是安全的”。为此，倾听者要有意识地放平心态，这样才能感染当事人。特别是沟通不畅的时候，或是当事人开始绕圈子的时候，记得大声附和一句“原来是这样啊”，同时不露声色地深呼吸一下，让自己平静下来。

遇到家里人处理不了的情况怎么办

求助并不可耻

多听老公倾诉，这是我能给予他最大的支持……一想到这里，我便觉得自己肩头的担子好重。因为这意味着老公能不能走出压力完全取决于我啊！

我不禁挺直后背。见状，下园老师微微一笑。

不用太紧张，放平心态跟你老公聊一聊就好。因为压力大的人对他人的紧张也会特别敏感。

对哦……

吸气——呼气——我立刻实践了老师刚才传授的诀窍，“附和”以及“深呼吸”。

不过话说回来，要是我一个人搞不定老公的压力可怎么办啊？——想到这里，我又紧张了起来。

不行，还是先咨询一下老师吧。

老师，要是光靠我一个人解决不了老公的压力，又该怎么办呢？

遇到这种情况，不妨求助专业机构。可以看精神科，也可以尝试心理咨询。

听老师这么说，我顿时安心了不少。

因为我始终觉得，老公的压力那么大，光靠我一个人肯定是纾解不了的。

大概是脸上的表情出卖了我，下园老师继续开导我说道：“别担心——”

遇到困难的时候，完全可以寻求他人的帮助。你已经很努力了，也付出了很多。

也是哦，找专家帮忙也不丢人的……

说到这里，我已是眼泪汪汪。

有些情况需要外人介入

见身边的人因压力而苦恼，想为他们排忧解难也是人之常情。不过在某些情况下，请外人介入处理才是更明智的选择。

有些人无法将苦恼说出口

有时候，明明你采取了正确的应对方法，也摆出了愿意倾听的态度，但当事人就是不肯开口。这是因为你是当事人的亲人或好友，他们不想让你看到自己脆弱的一面。

还有一些人不太习惯讲述内心的感受，所以开不了口。觉得诉苦很丢人也是很常见的一种心态，这种倾向在男性群体中尤为常见。

是的，我老公就是这样的。
本来就是个“闷葫芦”，估计很难让他开口诉苦。

如果是这样，那你最好不要追着他说“你就跟我聊聊吧”，因为这样只会让他更加痛苦。

遇到困难，果断求助

如果当事人不愿意倾诉，家里其他人要先放平心态，不要心急火燎。毕竟他的压力已经够大的了，别让对方再分心宽慰家人。

请大家务必尊重当事人的生活节奏，不要变着法子逼问，跟往常一样陪伴他们，耐心等他们开口就行。

通过当事人的熟人旁敲侧击也是一个办法；也可以求助擅长引导的专业心理咨询师。但前提是当事人愿意跟咨询师聊一聊，千万不能勉强甚至强迫。

“开不了口”的种种原因

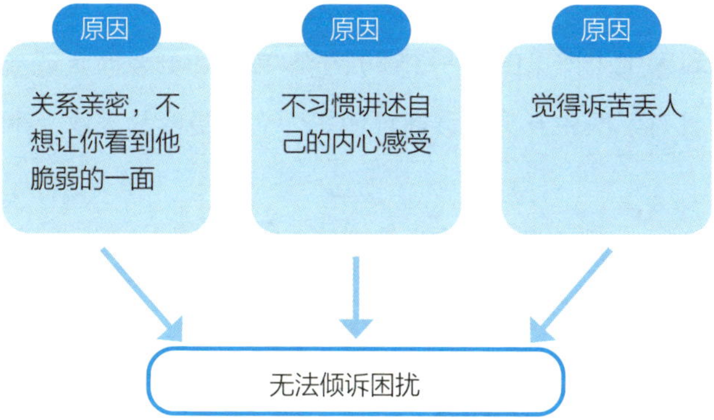

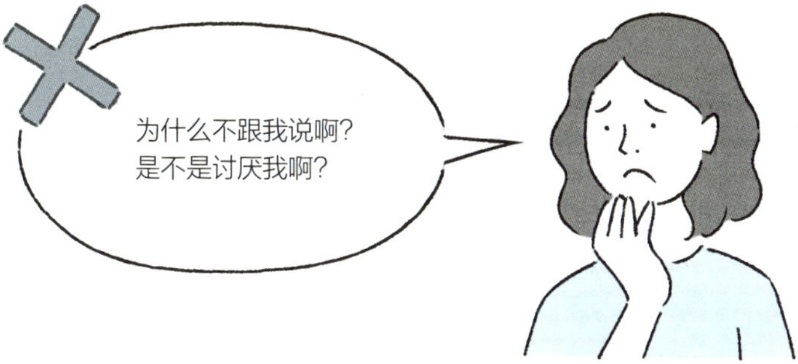

适时求助医疗机构

有些人非常抵触看精神科医生。如果你的家人或朋友属于这种情况，不妨先设法消除当事人对精神科的偏见。

只跟医生聊聊也无妨

我一直认为，觉得压力大，又无法及时休息的人应该尽快去看精神科医生（详见P150—151），这样就能得到及时且适当的治疗。而且有了医生开具的诊断证明，旁人就更容易理解当事人的痛苦。

| 传递看医生的好处，消除对精神科的偏见 |

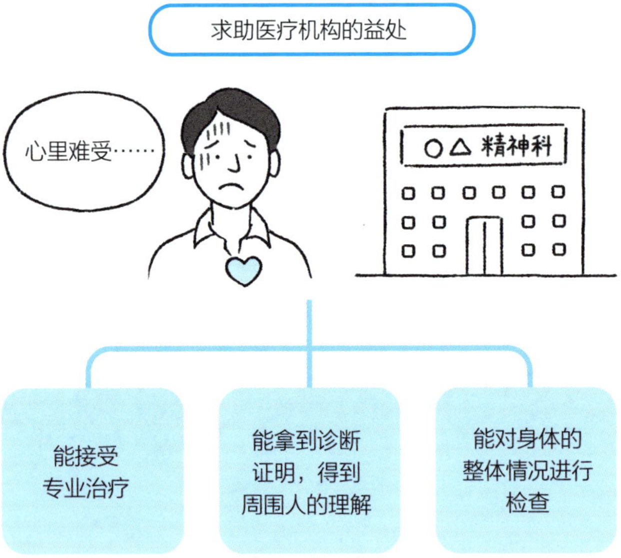

再者，除了压力本身的严重程度，我们还需要请医生检查一下身体的整体情况。

因为当事人出现的身体症状不一定都是压力引起的，身体的疾病和激素的影响也有可能引起与压力大类似的症状。

帮当事人消除对精神科的排斥

不过，抵触精神科的人应该挺多的……
我老公大概也有一点。

确实有很多人对精神科抱有近似于恐惧的抵触情绪。也许你的家人或朋友也感到压力很大，有必要求助专业机构，却表现出了强烈的排斥。

遇到这种情况时，大家不妨先试着改变当事人对精神科的看法。

“精神科医生是心理（大脑）问题的专家。你现在压力很大，想事情比较极端，有点排斥也是很正常的，但事关重大，还是请专家看看比较好。药肯定也是专家诊断后对症开的最管用。”——大家不妨试着这样解释看看。

还可以告诉当事人，精神科的医生天天跟压力大的人打交道，不会做出伤害他们的事情，这样也有助于缓解抵触情绪。如果还是不行，就将重点转移到“身体不适”上，建议当事人看内科或心理科。

家属也可以找医生或咨询师商量对策，做当事人坚实的后盾。

看精神科时的注意事项

建议当事人看精神科时，一定要耐心告诉他们精神科是一个可以帮助他们走出压力，让虚弱的身心恢复正常的地方。

充分解释精神科的性质

建议当事人看精神科时，我们要有意识地消除他们对精神科的偏见。解释的大致思路是，精神科没那么吓人，不是去精神科就是精神病人，也不是只要去过一次，这辈子都得定期去报到，精神科是可以帮你摆脱疲劳造成的种种症状的地方。

不过在解释之前，请大家务必先认真倾听当事人诉诉苦。

A. 被压力折磨得浑身难受，是因为你处于相当疲劳的状态。

B.这不是你的正常状态。

C.你是太累了，只要充分休息，就可以恢复正常。

D.现在困扰你的那些事，完全可以等情况好转后再解决。

E.疲劳以精神疲劳为主，恢复起来有诀窍。

F.精神科医生是专业的，很了解那些诀窍，能帮助你安全、迅速地摆脱痛苦。

如果家人或朋友强烈排斥精神科，强迫他们就诊反而会加剧其压力。遇到这种情况时，不妨为他们介绍心理科或内科的医生，也可以尝试一些改善睡眠的方法或非处方药。

如何帮助身边的人解压

本章小结

- [ ] 听当事人倾诉时，不要逼问造成压力的原因。
- [ ] 请当事人具体描述痛苦的程度。
- [ ] 倾听时不要发表意见或反驳。要狠狠点头，适时附和，外加总结和复述。
- [ ] 力不从心时，记得求助专业机构。
- [ ] 建议当事人去看精神科时，要设法消除他们的抵触情绪。

多亏您的讲解，我才认识到了用心倾听的必要性，
也明白了要表现出理解他们的痛苦的态度。

那就好。
总之不要着急，放平心态，做家人和朋友坚实的后盾吧！

第7章

不受压力左右的人生态度

现代社会发展迅猛，却也带来了压力导致的种种心理问题。
我们需要掌握契合时代大环境的解压方法。
面对当今快节奏的时代，
怎样的人生态度才能帮助我们不受压力左右呢?

咨询者

山田明（25岁）

通过几次咨询，山田明感觉自己的“解压水平”长进了不少，但平时还是很容易烦躁，便开始琢磨如何才能过上不受压力左右的生活。

如何才能过上不受压力左右的生活

渐渐恢复了精神

跟下园老师聊过之后，我开始有意识地抽空休养了。

起初我每次请假，领导都会一脸不爽。但他大概是注意到我每次休假回来，工作效率都会显著提高，所以态度也缓和了不少。

不过在和客户打交道的过程中，我还是会经常烦躁，有时也会感到压力很大。

彻底隔绝压力恐怕是不现实的，可总有办法减少日常生活中的压力吧？为了探究清楚，我再次拜访了下园老师，接受心理咨询。

老师，彻底隔绝压力肯定是不现实的，对吧？
那有什么办法可以减少日常生活中的压力呢？

嗯……现代人的压力主要来源于人际关系，
因此，减少压力的关键在于不要对人“想当然”。

嗯？想当然？
具体是什么意思呢？

比如，你做某些事的前提是不是认为“别人肯定也是这么想的”？

还真是这样！就好比在工作中，我就会下意识地对客户寄予期待，心想：“我都这么努力了，客户肯定会认可的。”

价值观本就因人而异，我们又活在一个多元化的、快速发展的时代，所以要活得更“柔韧”一些。

柔韧？……
那怎样才能活得更柔韧呢？

我们要牢记，每个人都有不同的需求和感知方式。
首先啊，要摆正自己的心态——

有意识地感知正面情绪

为了减少负面情绪引起的压力，我们应该有意识地拥抱正面情绪，善于发现日常生活中的“小确幸”。

正面情绪来之不易

在探讨“不被压力左右的人生态度”之前，让我们先复习一下前面学习过的内容。

人的情绪大致可以分为两类：让人心旷神怡的正面情绪（如快乐、开心等）和让人不舒服的负面情绪（如恐惧、焦虑等）。

而这两类情绪都是基于我们采取的行为而产生的。判定眼前的东西是“好的”，我们就会激活正面情绪，主动接近。一旦判定它是“危险的”，就会产生负面情绪，尽快远离。

在这两种情绪中，更性命攸关的自然是负面情绪。毕竟不逃离被大脑判定为“危险”的东西，可能会危及生命。因此，优先产生负面情绪而非正面情绪是人的天性。

换句话说，“冷静判断”也许是个伪命题。其实我们总是戴着有色眼镜看世界。

优先产生负面情绪而非正面情绪也就意味着“正面情绪来得慢、去得快”。

| 正面情绪来得慢、去得快 |

有意识地发现身边的“小确幸”

优先产生负面情绪确实是为保命服务的重要机制。但持续产生负面情绪，就等于是持续拉响示意生命有危险的警报。换句话说，如果你满脑子都是“好难受”“真痛苦”这样的念头，精神就会一直处于紧张状态，造成压力积聚。

因此，为避免陷入压力重重的状态，我们要有意识地引入“来得慢、去得快”的正面情绪。

那么，需要用什么特殊的方法吗？

不，方法其实很简单——用心去发现日常生活中的“小确幸”。“煎出了完美的荷包蛋”“上班路上遇见一只可爱的小猫”……越是擅长在这样的日常小事中发现幸福，你得到的正面情绪就越多。感谢也有助于激发正面情绪。

顺便一提，P46—47介绍的“发现30个小美好”也是增加正面刺激的好方法，可以试试。

学会表达“感谢”

明确意识到自己身处值得感恩的幸福环境，有助于提升自身的安全感，从而与周围人和睦相处。

感谢他人对自己也有好处

人们常说，助人就是助己，因为给别人的善意总有一天会回报在自己身上。换句话说，就是要有“为了自己而善待他人”的意识。

我觉得感谢也是如此，不仅能愉悦他人，更有利于自己。因此，哪怕别人给的帮助再小，也不能吝啬感谢之意。

可感谢不是说给对方听的吗？
怎么会有利于自己呢？

感谢不仅是说给对方听的，同时也是在告诉自己，“周围的环境并不危险，是对自己有利的”。换句话说，感谢有激发正面情绪的效果。

现代人特别容易产生负面情绪，见了谁都要疑心“他会不会对我不利”，总是造成情绪紧张。

把感谢的话说出口

别人给的帮助再小，都建立在“为你着想”的情谊之上。收下这份情谊，便会生出谢意。

我总是建议咨询者“把感谢的话说出口”。如此一来，就能收获三倍于“只把感谢藏在心里”的效果。“谢谢你”“多亏有你”……这样表达谢意的话能显著改善我们的人际关系。

| 感谢的话自带正能量 |

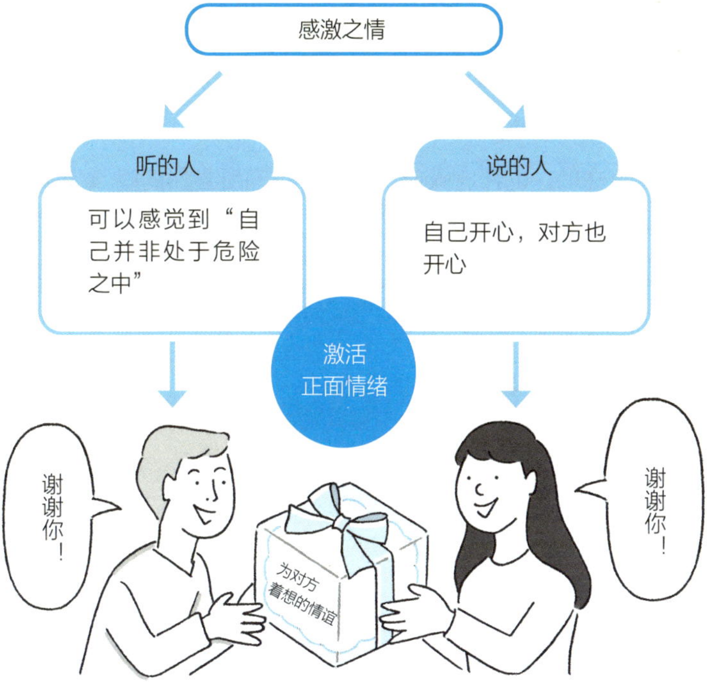

吃好、睡好、适当运动

动物都无法忍受吃不饱、睡不好、动不了的生活，而我们现代人却偏偏忽视了这三项。

认识到自己是“生物”

尽管人类有着不同于寻常生物的智慧，还会说话，但人体的主要活动还是“摄取营养、运动、睡觉、繁殖”这几项，与其他生物并无不同，因此，摄取营养、睡眠和运动等生命活动对我们人类来说必不可少。

看到这里，也许有人会说“这不是理所当然的吗”，奈何许多人没把这些理所当然的事放在心上。

废寝忘食地工作，整天坐在办公桌前，一动不动……他们甚至觉得这样活着才有意义。

怎么样？有没有类似的经历呢？

呃……确实，我有时候也这样……

是吧？长期过着“吃不饱、睡不好、不运动”的生活，人就无法获取生存所必需的能量。在这种状态下，人就很容易产生压力。

换句话说，**要想过上不被压力左右的生活，就必须高度重视睡眠、饮食和运动。**

有意识地创造运动机会

在睡眠、饮食和运动这三项中，现代人尤其需要狠下功夫的就是运动。因为运动违背了人类想偷懒的本能，很容易被忽视。

在远古时代，我们的老祖宗缺衣少食，还得从事外出打猎、挑水砍柴这样的重体力劳动。无法保证每天的能量摄入，是会有生命危险的。为了避免浪费宝贵的能量，原始人的大脑中便形成了“只为必要的事情付出体力”的机制。换句话说，就是倾向逃避辛劳、选择享乐。

我们现代人也继承了这套机制（详见P74—75）。我们会评估自己的能量库存，如果是自己无法轻松完成的事情，就会感到压力。我们之所以没有动力运动，正是因为运动太辛苦了。

因此，建议大家避免负担过重的运动，尽量选择自己想做的、觉得有意思的项目。散步就很不错，门槛低，也不会给身体造成太大的负担。

| “想偷懒”是为了节约能量 |

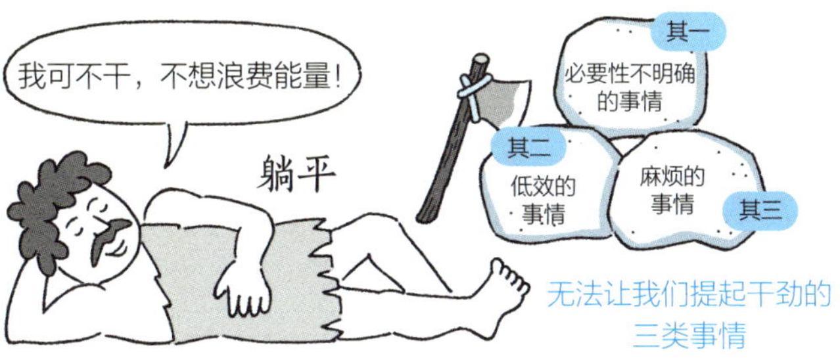

尊重因人而异的价值观

价值观因人而异。尊重自己的价值观，便能自然而然地尊重他人的价值观。

每个人的价值观都值得尊重

正如我反复强调的那样，我们无法改变他人的感受和想法。人确实可以通过经历或者学习实现改变，但不把别人改造成合自己心意的样子才是更现实的。执着于改变他人，只会浪费精力，造成更大的压力。

话是这么说，可碰到观念跟自己不一样的人，
还是会忍不住冒火的吧……

遇到这种情况时，请大家在心里默念：“价值观本就是因人而异的。”

正因为人类具有多样性，我们才能够生存至今。如果每个人的想法、感情都一样，那么在面对变化时，就会采取同样的反应和应对措施。万一走错一步，便是全军覆没。

人类之所以能在各种条件、状态下得以延续，就是因为有各种各样的人存在，而他们具备不同的能力与想法。

“我有我的想法，你有你的想法，他有他的想法。大家的想法都值得被尊重。”——重要的是具备尊重他人价值观的心态。

| 尊重他人的价值观 |

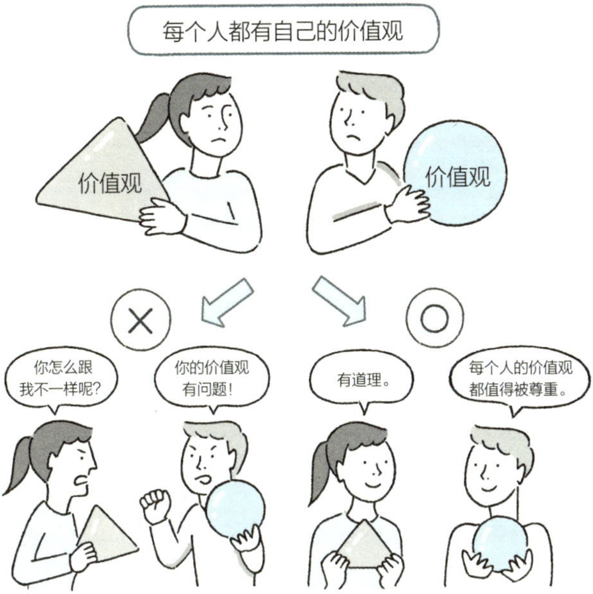

别指望“大家都一样”

尊重他人价值观的前提是先尊重自己的价值观。

亚洲人有很强的从众心理，总觉得跟别人一样才是好的。一旦发现自己的价值观跟别人不一样，就会琢磨“是不是我错了”，从而产生怀疑，甚至设法改变自己。

但价值观因人而异是理所当然的，“大家都一样”反而很奇怪。

发现自己的想法与别人不同，也不必为此介怀。告诉自己，这是很正常的。只有这样，才能实现价值观层面的互相尊重。

降低期望值

不要对自己、他人和生活中的种种抱有过高的期望。无论结果如何，都要学会接受，泰然处之。

我是我，你是你

大家有没有“自己”跟“他人”之间存在分界线的意识呢？

啊？您说的是“我是我，你是你”的意识吗？

我们确实可以这么区分。但问题是，如果你认定他人的价值观跟自己一样，就很容易混淆“自己”与“他人”，进而发展出具有代表性的两种思维模式：

“我××，所以对方也应该××”

“对方××，所以我也应该××”

前者是对他人的期望过高，后者则是对自己过度期望。要知道“你”和“对方”是完全不同的人，做不做、能不能做到当然是因人而异的。

一旦对别人抱有过高的期望，就会因为一点点意见分歧而认定“他有问题”“他没把我放在眼里”，就是这种心态导致了烦躁、不快等负面情绪，进而催生出压力。

“假装不抱期望”是刻意的压制

期望如果得不到满足，人就很容易走极端，心想“我不会再对他抱任何期望了”。

这种“不抱期望”乍看之下好像是平静地接受了现实，其实不过是对期望的一种压制。言外之意则是“我希望他 × ×，只是假装自己不在乎罢了”。

而被压抑的情绪会不断膨胀，甚至发展成愤怒——“我明明对你抱有那么大的期望啊！”

呃，我都有点晕了……
那到底是抱期望好，还是不抱期望好啊？

这不是非黑即白的二选一，关键在于“抱有适度的期望”。其实只要把对自己和他人的期望值设得稍低一些，就能接受大多数的结果了。这就是一种不被压力左右的人生态度，也是构筑良好人际关系的诀窍。

| 把对自己和他人的期望值降到力所能及的范围内 |

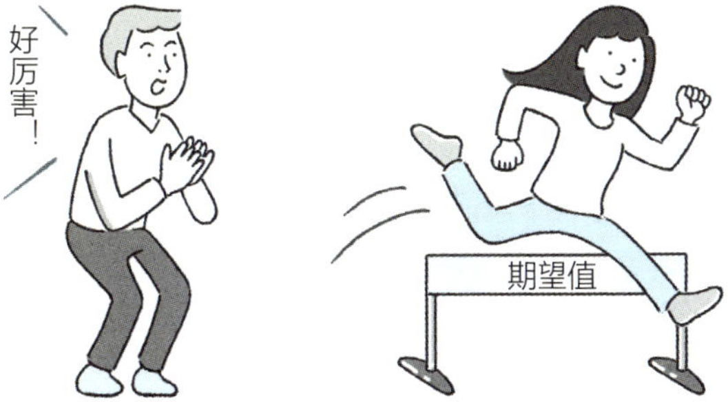

寻找属于自己的“人生故事”

将自己的经历转化为容易接受的东西，谱写属于自己的“人生故事”，有助于攻克难关。

谱写自己的“人生故事”能帮助我们攻克难关

遇到难以接受的艰难困苦时，不妨站在不同的角度客观审视一番。如此一来，你就能从中读出不同的意义，以平和的心态肯定自己的活法。这个过程就是谱写“全新的人生故事”。

假设你在事业上遭遇了重创，如果你一味责怪自己不中用，就很难接受失败的现实。遇到这种情况时，我们要把失败看成一个新故事的开端，扪心自问“这次失败给我带来了什么”，并把未来定位为“故事的延续”，思考人生的走向。

通过思考，你会意识到“失败教会了我人生不如意事十之八九”，这就是故事的“承”与“转”，进而想到“那我以后可以换一个方法，这样工作就能顺利开展了”，这就是“合”。重新谱写这一系列的“故事情节”，能赋予我们向未来进发的力量。

其实我也在下意识地用自己的经验谱写人生故事，告诉自己“正因为经历了那样的困难，我才能有长进”。

每个人都会在潜意识里谱写属于自己的人生故事。

但是在压力很大的状态下，我们可能会忘记写好的故事，也没有精力写出新的故事。

人都是通过这些“故事”汲取人生意义和信心的。一旦失去它们，就会否定自己活在这个世上的意义。

| 通过“人生故事”接受现实 |

找到你的人生故事

如果你此刻正深陷烦恼之中，觉得原来的“人生故事”失去了意义，那就需要去寻找新的故事。故事的线索不仅隐藏在你遇到的人和事中，在小说、漫画、电影和电视剧里也能找到。和亲朋好友一起回顾过去，也有助于发掘新的故事。

我们无法改变自己的出身，也很难改变他人和世界，可能连自己的能力与性格都无法改变。但自己的人生故事是可以靠双手改写的。

活用“想得开”和“没常性”

长久以来，我们的社会都崇尚顽强不屈、坚持不懈的精神。但到了如今这种变化极快的新时代，不妨好好利用一下“没常性”。

“三分钟热度”也没什么不好

形容一个人做事“没常性”的时候，我们经常会说他“只有三分钟热度”。这句话通常带有一些贬义色彩，我却觉得“没常性”是一种非常好的特质。因为我相信，在变化极快的新时代，“想得开”和“没常性”也是一种优势。

啊？真的吗？
小时候父母经常教育我，做事不能三分钟热度……

这话放在以前确实没错，但放到当下的大环境下，就得另当别论了……

看看就业市场的变化就知道了。30年前，职业种类非常有限，论资排辈、“铁饭碗”是常态，因此坚持不懈，在一家公司干到老是最有利的，再艰难也只能咬牙坚持。

可现在呢？职业种类急剧增加，虽然“铁饭碗”越来越少，但机会也越来越多了。

在这种大环境下，逼着自己留在某个难熬的岗位没有太大的意义，不如尽快换一个回报率更高的工作或更轻松一点的职场环境。

“没常性”有利于应对变化

我们正生活在所谓的“VUCA时代”。“VUCA”是不稳定（Volatile）、不确定（Uncertain）、复杂（Complex）和模糊（Ambiguous）等英文单词的首字母缩写。换种说法，就是我们生活在未来难以预测的时代。

难以预测，意味着变化非常迅速。在这样的时代背景下，因循守旧的思维方式是不可取的。我们必须接受不可预测的事态，尽快做出决策，随机应变。与此同时，我们要将变化定位成“成长的过程”，不断从变化中学习，而不是将其视为困难或麻烦。

这就需要我们迅速尝试自己觉得“看着不错”的事物。要是行不通，就立刻罢手，挑战其他“看着不错”的事物。这种新时代的“三分钟热度”心态必不可少。

| “三分钟热度”就是以试错为基础的成长过程 |

不受压力左右的人生态度

本章小结

- ☐ 善于发现日常生活中的“小确幸”。
- ☐ 吃好、睡好、适当运动。
- ☐ 尊重因人而异的价值观。
- ☐ 把感谢的话说出口，再小的事情也不吝啬谢意。
- ☐ 再痛苦的经历，也能通过谱写“人生故事”坦然接受。
- ☐ 随机应变，不惧时代的变化。

要想过上不受压力左右的生活，笑对纷繁变化的时代，还是得先放下一些根深蒂固的陈旧观念。

是啊，疫情也让我们深刻地认识到，时代变了……

没错，时代变了……
但我们不妨把后疫情时代视作机遇而非危机。

啊？大环境这么糟糕，还有机遇吗？

当然，机遇肯定是有的。
对那些因人际关系压力重重的朋友来说，他们有了远程办公、网上开会这样的新选项，这不就是缓解精神疲劳的好机会吗？

对哦……换个角度看，还真是一种机遇呢！

没错，我们需要做的就是顺应时代的变化，及时调整自己的生活方式与观念。

这么说来，我也该改变一下了。

嗯，借此机会尝试一下新的活法吧！
因为我们活在一个谁都能随心而变的时代呀！

结 语

为压力烦恼的人，大都是心地善良的人。

他们做事认真，脚踏实地，一心想过好自己的日子。

我写这本书就是为了告诉他们，别再紧绷着了，也别再委屈自己了，学会放轻松吧。

这些年，你肯定把自己的善良、勤奋和努力都用在了工作、家庭和社交上。这么做当然无可厚非。但你的努力与隐忍，往往也是压力的源头。

因此，从现在开始，试着把这些美好的品质用在自己身上吧！

将善良用在自己的失败和挫折上，学会自我原谅："这也是没办法的事情呀。""下次再努力就好啦！"

将勤奋和努力用于休养，时刻保持松弛感，就不至于如此疲惫不堪了。

大家只需要对行事方式和思维方式做一些小小的调整。而这恰恰是避免产生不必要的压力的诀窍。

我们生活在一个日新月异的社会。而这个充满变化的时代，也会带来千载难逢的机遇。

变化总让我联想到液体。

液体不同于固体，可以自由改变形状，适应各种形状的模具。而且无论形状如何变化，其本质都不会改变。

面对社会、价值观等“模具”的变化，我们也不必抓着原来的自己不放。不妨效仿液体的灵活性，带着更契合时代的价值观迈向今后的人生。如此一来，就不会被压力左右，反而能活得轻松些，从而更好地做自己。

试着放下你所受的苦、所承受的压力，安心“躺平”，让松弛力成为你快乐生活、勇往直前的武器。

下园壮太

快读·慢活®

《生气的方法》

磨炼生气的技巧，少生气，生对气！

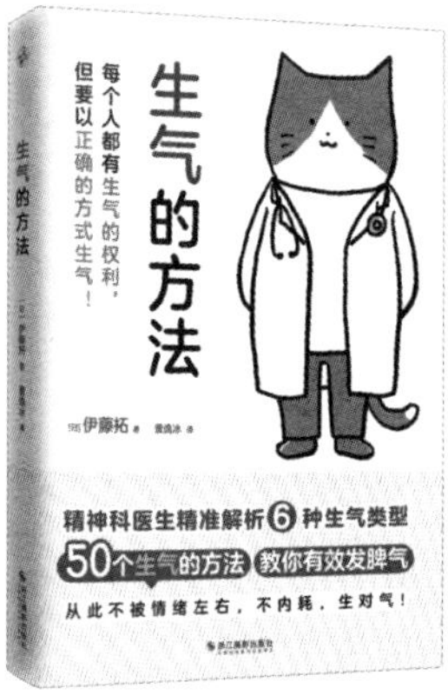

总是在生气后感到后悔？总是气到半夜辗转难眠？一生气就想摔东西？因为生气，破坏了重要的人际关系？

每个人都有生气的权利，但要以正确的方式生气。精神科医生精准解析6种生气类型，让你掌握自己的愤怒倾向。总结了50个生气的方法，引导你磨炼生气的技巧，教你有效发脾气。从此不被情绪左右，不内耗，生对气！

快读·慢活®

从出生到少女，到女人，再到成为妈妈，养育下一代，女性在每一个重要时期都需要知识、勇气与独立思考的能力。

“快读·慢活”致力于陪伴女性终身成长，帮助新一代中国女性成长为更好的自己。从生活到职场，从美容护肤、运动健康到育儿、家庭教育、婚姻等各个维度，为中国女性提供全方位的知识支持，让生活更有趣，让育儿更轻松，让家庭生活更美好。